A nova física. A biologia. A cosmologia.
A genética. As novas tecnologias.
O mundo quântico. A geologia e a geografia.
Textos rigorosos, mas acessíveis.
A divulgação científica de elevada qualidade.

universo  da ciência

1. Deus e a Nova Física - *Paul Davies*
2. Do Universo ao Homem - *Robert Clarke*
3. A Cebola Cósmica - *Frank Close*
4. A Aventura Prodigiosa do Nosso Cérebro - *Jean Pierre Gasc*
5. Compreender o Nosso Cérebro - *Jean-Michel Robert*
6. Outros Mundos - *Paul Davies*
7. O Tear Encantado - *Robert Jastrow*
8. O Sonho de Einstein - *Barry Parker*
9. O Relojoeiro Cego - *Richard Dawkins*
10. A Arquitectura do Universo - *Robert Jastrow*
11. Ecologia Humana - *Bernard Campbell*
12. Fronteiras da Consciência - *Ernst Poppel*
13. Piratas da Célula - *Andrew Scott*
14. Impacto Cósmico - *John K. Davies*
15. Gaia - Um Novo Olhar Sobre a Vida na Terra - *J. E. Lovelock*
16. O Espinho na Estrela do Mar - *Robert E. Desiwitz*
17. Microcosmos - *Lynn Margulis e Dorion Sagan*
18. O Nascimento do Tempo - *Ilya Prigogine*
19. O Efeito de Estufa - *Fred Pearce*
20. Radiobiologia e Radioprotecção - *Maurice Tubiana e Michel Berlin*
21. A Relatividade do Erro - *Isaac Asimov*
22. O Poder do Computador e a Razão Humana - *Joseph Weizenbaum*
23. As Origens do Sexo - *Lynn Margulis e Dorion Sagan*
24. As Origens do Nosso Universo - *Malcom S. Longair*
25. O Homem na Terra - *Pierre George*
26. Novos Enigmas do Universo - *Robert Clarke*
27. História das Ciências - *Pascal Acot*
28. A Dimensão do Universo - *Mary e John Gribbin*

MARY & JOHN GRIBBIN

a dimensão do universo

Título original:
How Far is Up?

Tradução: Pedro Elói Duarte

Revisão da tradução: Pedro Bernado

Capa de José Manuel Reis

Depósito Legal nº 219245/04

ISBN: 972-44-1223-7

Impressão PAPELMUNDE
Paginação e acabamentos INFORSETE
para
EDIÇÕES 70, LDA.
Novembro de 2004

EDIÇÕES 70, Lda.
Rua Luciano Cordeiro, 123 – 2º Esqº - 1069-157 Lisboa / Portugal
Telefs.: 213190240 – Fax: 213190249
e-mail: edi.70@mail.telepac.pt

www.edicoes70.pt

MARY & JOHN GRIBBIN

a dimensão do universo

edições 70

Para Jon e Ben

INTRODUÇÃO

Há uma questão falaciosa que se formula da seguinte maneira: «até onde se pode ver num dia de céu limpo»? A falácia consiste no facto de, num dia de céu limpo, se poder ver sempre o Sol, que está a 150 milhões de quilómetros de distância. Temos o hábito de pensar nas distâncias que podemos percorrer na Terra, onde, mesmo que voássemos em redor do globo, percorreríamos apenas uma distância de cerca de 40 000 quilómetros. Mas não temos o hábito de pensar na distância «para cima». Poucos são os que têm alguma ideia da distância que nos separa dos outros astros, e só no século XX é que os astrónomos começaram a ter noção da enorme escala do Universo. Os Antigos acreditavam que as estrelas e os planetas eram luzinhas presas a esferas de cristal embutidas umas dentro das outras, girando à volta da Terra. A escala destas esferas devia ser comparável à escala das coisas terrestres, provavelmente com diâmetros de alguns milhares de quilómetros. Mesmo depois de Nicolau Copérnico ter publicado, em 1543, a sua sensacional hipótese de que a Terra gira em torno do Sol, muitas pessoas ativeram-se às ideias antigas, imaginando as estrelas presas a uma única esfera de cristal na extremidade da órbita do planeta mais distante do Sol, e cada planeta preso à sua própria esfera de cristal. No início do século XVII, quando Galileu observou pela primeira vez o firmamento com um telescópio e viu que a faixa de luz que cruzava o céu, conhecida como Via Láctea, era constituída por uma miríade de estrelas, demasiado indistintas para serem vistas a olho nu, tornou-se claro, para quem o quisesse entender, que o Universo devia ser sobejamente maior do que o Sistema Solar, e que as estrelas deviam ser outros sóis, milhões de vezes mais distantes de nós do que o próprio Sol.

Mas estas ideias apenas foram aceites pelos conhecedores. A imagem das esferas de cristal só foi verdadeiramente abandonada nos séculos XVII e XVIII, quando o trabalho de astrónomos como Edmund Halley demonstrou pela primeira vez que as órbitas dos cometas passavam exactamente através da região onde se supunha que se encontravam as esferas de cristal planetárias, e, posteriormente, que as próprias estrelas se moviam de forma independente e não estavam presas a nada. Nessa época, contudo, os astrónomos já sabiam que estavam a lidar com distâncias imensamente maiores do que a circunferência da Terra. Já em 1671, utilizando a técnica de medição da triangulação, duas equipas de observadores franceses – uma realizando medições a partir de Paris e a outra a partir de Caiena, na Guiana Francesa – calcularam que a distância da Terra até ao Sol era de 140 milhões de quilómetros – apenas cerca de 10 por cento menos do que a melhor estimativa moderna.

Portanto, a que distância se encontra a estrela mais próxima que podemos observar no firmamento? Só no século XIX é que as técnicas astronómicas permitiram medir de forma rigorosa as distâncias relativamente às estrelas mais próximas, mas estas medições continuavam a ser realizadas por meio da triangulação. Medir a distância até ao Sol por meio da triangulação implicava uma linha de base que se estendia desde Paris até Caiena; medir a distância até às estrelas mais próximas implica uma linha de base em toda a extensão da órbita da Terra à volta do Sol – 300 milhões de quilómetros –, mediante observações realizadas com um intervalo de seis meses, quando a Terra está em lados opostos do Sol. Os resultados foram impressionantes. O Homem percorreu 384 400 quilómetros para pisar a Lua, mas as estrelas visíveis mais próximas nunca podem ser alcançadas no período de tempo de uma vida.

Para compreendermos realmente estas distâncias, precisamos de um novo modo de as medir; registar as distâncias em quilómetros é simplesmente ridículo. A nova forma de medir o Universo envolve a luz, que viaja sempre à velocidade constante de 300 000 quilómetros por segundo. Portanto, a luz precisa de pouco mais de um segundo e um quarto (quase exactamente 1,28 segundos) para chegar à Lua. Como as ondas de rádio se deslocam à velocidade da luz, quando a base na Terra comunica com os astronautas na Lua, há sempre um atraso de pelo menos 2,5 segundos antes de a resposta chegar à Terra, tempo de viagem de ida e volta das ondas de rádio. Por conseguinte, pode dizer-se que a Lua está a 1,28 «segundos-luz» da Terra. Do mesmo modo, um ano-luz é a distância que a luz pode percorrer num ano. Deslocando-se a 300 000 km por segundo, a luz pode percorrer 9,5 biliões de quilómetros num ano. Trata-se de uma distância que nos deixa perplexos, mas até a estrela mais próxima do Sol está a 4,3 anos-luz (ou seja, aproximadamente 41 biliões de quilómetros) de distância. As estrelas mais distantes, os outros sóis que vemos como longínquos pontinhos de luz no firmamento escuro, estão a dezenas de anos-luz – algumas delas a centenas de anos-luz – de nós. Mas isto é apenas o princípio da história.

No século XX, à medida que se foi construindo telescópios maiores e desenvolvendo instrumentos mais sensíveis para serem adaptados a esses telescópios, tornou-se evidente que tudo o que se pode ver a olho nu é apenas uma minúscula região local da totalidade do Universo. Os primeiros passos cruciais para a descoberta deste vasto Universo foram dados por um arrogante e obstinado astrónomo americano, ajudado por um homem sem formação académica que antes ganhava a vida a conduzir carroças puxadas por mulas. A história foi concluída, no final do século XX, por grandes equipas de astrónomos com o auxílio do mais sofisticado telescópio até então construído, o telescópio espacial orbital baptizado com o nome do pioneiro Edwin Hubble.

Numa noite de céu limpo, podemos ver, a olho nu, muito mais além daquilo que é possível de dia; mas até isso é perto comparado com as incríveis distâncias existentes no Universo que podem ser observadas através do telescópio espacial Hubble. Este livro fala do esforço empreendido no século XX para perscrutar o Universo o mais longe possível e para medir de forma rigorosa a distância entre a Terra e os objectos mais distantes que podem ser detectados pelos telescópios. Em noites estreladas, quando olhamos para o céu, desejamos sempre saber mais acerca do manto de estrelas que cobre o firmamento. Este desejo conduziu ao desenvolvimento de maneiras e meios de saber mais, e esta história conta-nos como os astrónomos se esforçaram por compreender realmente o tamanho do Universo.

1

O rapaz na montanha

1905 foi um grande ano para a ciência. Foi o ano em que Albert Einstein publicou a sua Teoria Especial da Relatividade, que descreve o comportamento de objectos que se movem a velocidades muito elevadas. Mas isso não tinha grande importância para um rapaz de catorze anos chamado Milton Humason, que ia para um campo de férias no monte Wilson, perto de Pasadena, a norte de Los Angeles, na Califórnia. Humason gostava de olhar para as estrelas à noite, mas não tinha qualquer interesse académico e nem sequer alguma vez pensara em estudá-las. Nesse Verão no monte Wilson, Milton passou os melhores momentos da sua vida, e não tinha qualquer vontade de voltar para casa e para a escola. Mas algo de notável aconteceu. Em 1905, a lei permitia que jovens de catorze anos trabalhassem a tempo inteiro, e Milton estava tão visivelmente infeliz quando regressou a casa para voltar às aulas, que os pais concordaram em deixá-lo sair da escola durante um ano para aceitar um emprego que lhe havia sido oferecido como paquete no Hotel do Monte Wilson, fazendo recados aos hóspedes do hotel, e como zelador em *part-time*. Os pais de Milton Humason esperavam que um ano de trabalho duro e constante na montanha fizesse com que o filho voltasse à escola, agradecido.

Mas o plano não funcionou. Milton Humason gostou tanto do monte Wilson que nunca mais voltou para a escola nem teve qualquer formação académica. A descoberta deve-se muitas vezes ao facto de se estar no local certo no momento certo, e a decisão de Milton em ficar no monte Wilson levá-lo-ia, 25 anos depois, a desempenhar um importante papel ao demonstrar que a Teoria Geral da Relatividade de Albert Einstein (que vai muito para além da Teoria Especial, e que explica como funciona a gravidade) é uma boa descrição do Universo em que vivemos. Durante quase toda a sua vida, Milton trabalhou com Edwin Hubble, o astrónomo que descobriu que o Universo está em expansão e que deu o nome ao famoso telescópio espacial Hubble. Humason aprendera tanto com as suas próprias observações e com as das pessoas com quem trabalhara, que chegou a ensinar Allan Sandage – o homem que prosseguiu o trabalho de medir a velocidade da expansão do Universo – como se utilizava os grandes telescópios astronómicos.

O rapaz que resolvera trabalhar no monte Wilson apenas porque gostava da vida na montanha ao ar livre chegou a este local numa altura em que o monte Wilson se iria tornar um dos mais importantes centros de pesquisa astronómica do mundo. No início do século XX, a astronomia começava a afirmar-se como ciência importante devido ao desenvolvimento da tecnologia que permitiu a construção de telescópios enormes e precisos capazes de perscrutar os confins do Universo. Na sua época, eram o equivalente das actuais gigantescas máquinas «de colisão de átomos» que se encontram em laboratórios como o CERN, em Genebra. Mas este tipo de astronomia observacional era dispendiosa – e não só devido ao facto de os novos telescópios serem enormes e utilizarem os mais recentes desenvolvimentos tecnológicos. A construção de observatórios custa enormes somas de dinheiro, pois têm de ser construídos no cimo das montanhas, muito acima da poluição da vida citadina e o mais longe possível dos efeitos obscurantes da atmosfera terrestre. E foi o dinheiro que ajudou George Ellery Hale a levar a astronomia para o século XX. Em 1892, com 24 anos, já era professor de Astronomia na Universidade de Chicago. Recebeu uma excelente formação universitária no MIT (Massachusetts Institute of Technology), tinha uma mente brilhante e um pai extremamente rico.

Não há dúvida de que Hale era um bom astrónomo, mas nem todos os astrónomos podiam angariar dinheiro para construir um telescópio. Como tinha uma família extremamente rica, George Ellery Hale conhecia muitas pessoas abastadas e sabia como tirar o melhor partido dos seus contactos. O Observatório do Monte Wilson foi construído porque Hale sabia a quem pedir dinheiro. Começou em Chicago, a angariar fundos para um novo observatório cujo elemento central era um telescópio refractor (o tipo de telescópio que utiliza lentes) com uma lente principal de 40 polegadas, ou pouco mais de um metro de diâmetro, que ainda é o maior telescópio do seu tipo actualmente em funcionamento. Hale sabia que, para estudar objectos menos visíveis no céu, iria precisar de telescópios ainda maiores, colocados em montanhas altas. 40 polegadas era o diâmetro máximo de um telescópio refractor, porque, acima deste diâmetro, o peso das lentes faz com que o telescópio se dobre e provoca a distorção das imagens por ele obtidas. Os telescópios maiores teriam de ser reflectores, utilizando espelhos que podiam ser apoiados por trás sem interferir com a luz proveniente de estrelas distantes reflectida na superfície do espelho.

Em 1903, George Ellery Hale fez uma viagem de reconhecimento às montanhas da Califórnia em busca de um local para construir um novo observatório. Passou esse Verão no monte Wilson, numa cabana abandonada, fazendo observações dos céus nocturnos com um pequeno telescópio portátil para verificar a nitidez das estrelas no alto da montanha. Esse Verão de céus limpos convenceu-o de que o monte Wilson era o sítio ideal para construir o maior telescópio do mundo. Há um velho ditado que diz que o dinheiro chama dinheiro. Em 1896, o abastado pai de Hale já havia comprado um espelho de 60 polegadas de diâmetro (cerca de 1,5 metros) para ajudar o filho na construção daquilo que ele esperava que viesse a ser, um dia, o maior telescópio do mundo. Provavelmente, foi o facto de já possuir este espelho que permitiu que George Ellery Hale convencesse a Instituição Carnegie, em Washington, a investir cerca de 150 000 dólares (uma enorme soma para a época) na construção de um observatório na montanha.

As obras de construção do Observatório do Monte Wilson iniciaram-se em 1904, um anos antes de Milton Humason visitar a montanha pela primeira vez. Mas construir algo no topo de uma montanha nunca é fácil. Em 1903, quando Hale subiu pela primeira vez o monte Wilson, para chegar ao topo seguira por um antigo trilho índio, que serpenteava cerca de 13 quilómetros em redor da montanha. Este trilho era demasiado estreito para se transportar materiais de construção; por isso, antes de se iniciar a construção do observatório, seria necessário construir uma estrada que desse acesso ao local do futuro observatório no topo do monte Wilson, a 2000 metros de altitude. Esta estrada – ao longo da qual tinham de ser carregados por mulas todos os materiais para a construção dos telescópios e alojamentos para os astrónomos, assim como tendas, víveres e combustível para as equipas de construção – tinha menos de um metro de largura. A estrada que levou à construção do maior observatório do mundo era apenas um trilho estreito e poeirento que ziguezagueava até ao cume da montanha, pelo qual as mulas de carga subiam penosamente e as pessoas se arrastavam a pé ou a cavalo.

Mas este inexorável esforço e suor foram recompensados. Depois de os maiores desenvolvimentos tecnológicos em astronomia então conhecidos pelo homem terem sido carregados ao longo de um trilho de terra batida até ao topo do monte Wilson, o novo reflector com o espelho de 60 polegadas (cerca de 1,5 metros) ficou operacional em 1908.

Enquanto trabalhava no Hotel Monte Wilson, na encosta mais abaixo, Milton Humason observava, fascinado, toda aquela actividade. Quase na mesma altura em que o telescópio de 60 polegadas começou a apontar para os céus nocturnos,

Um telescópio precisa de captar a luz de um objecto indistinto e depois concentrá-la e ampliá-la, tornando-o suficientemente brilhante para que seja visto pelo observador ou registado por instrumentos. Num telescópio «refractor», a luz é captada e focada por uma lente convexa, enquanto num telescópio «reflector» a luz é captada por um espelho côncavo. Uma lente ocular espalha então a luz sobre grande parte da retina do observador, ampliando a imagem.

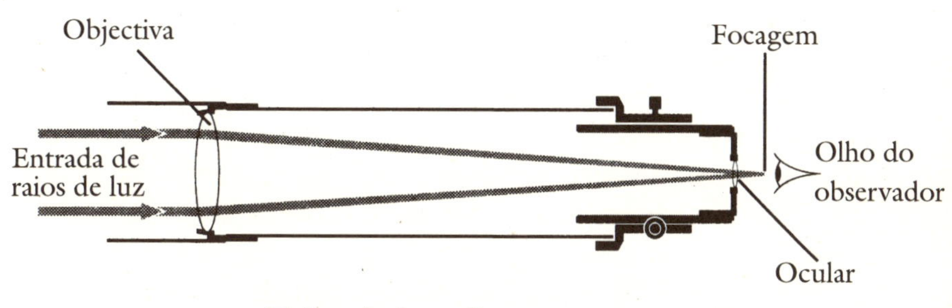

Telescópio refractor

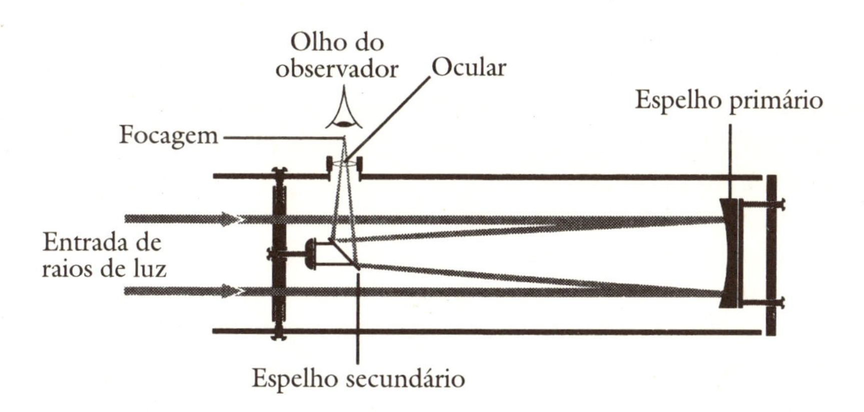

Telescópio reflector

Ilustração 1. Comparação entre telescópios refractores e reflectores. (*Copyright* da ilustração © 2003 Nicholas Halliday)

deixou o emprego no hotel para se tornar condutor das carroças que subiam, carregadas, o monte Wilson até ao local de construção. O trilho já havia sido alargado para que pudesse transitar uma carroça puxada por cavalos – mesmo assim, era um trabalho apenas para os mais corajosos! Embora o principal telescópio já estivesse montado, em 1908 ainda havia muitas obras a decorrer. Em 1906, George Ellery Hale, que parecia nunca estar satisfeito com o que fizera, convenceu John D. Hooker, um homem de negócios de Los Angeles, a financiar um telescópio ainda maior com um espelho principal de 100 polegadas (cerca de 2,5 metros) de diâmetro. Em compensação pelo seu apoio financeiro, o instrumento chamar-se-ia (e ainda se chama) telescópio Hooker.

Trabalhar no alto de uma montanha como condutor de mulas na construção do maior observatório alguma vez conhecido parece um sonho romântico para a maioria das pessoas; mas, para coroar esta vida fantástica e aventurosa, Milton Humason apaixonou-se. Em 1911, quando ambos tinham apenas vinte anos de idade, casou com Helen Dowd, filha de um dos principais trabalhadores no projecto, Merrit Dowd, que mais tarde viria a ser o engenheiro-chefe electrotécnico na montanha. Nos dois anos seguintes, Milton continuou a trabalhar na montanha de que tanto gostava. Mas quando Helen deu à luz o seu primeiro filho, em Outubro de 1913, perceberam que Milton tinha de arranjar um emprego melhor para sustentar a família e que chegara a hora de assentar. O amor pela família teria de substituir o amor pela montanha. Por conseguinte, Milton, Helen e o bebé deixaram o monte Wilson e mudaram-se para Pasadena, onde Milton arranjou trabalho como chefe de jardinagem numa propriedade rural.

Três anos depois, Milton e Helen Humason tinham poupado dinheiro suficiente para adquirir a sua própria quinta para produção de fruta – aquilo a que os californianos gostam de chamar um *citrus ranch* – nos arredores de Pasadena. Para quem visse de fora, a vida parecia perfeita, mas Milton Humason nunca se acomodara realmente à vida longe da montanha.

Ilustração 2. O reflector de 60 polegadas no Monte Wilson, utilizado pela primeira vez em 1908. Segundo Allan Sandage, «o telescópio de 60 polegadas do Monte Wilson foi o avô de todos os telescópios, e com o qual muitos dos problemas e soluções de construção de telescópios foram compreendidos pela primeira vez». (Cortesia dos Observatórios Carnegie, Carnegie Institution of Washington)

Quando o sogro, Merrit Dowd, lhe disse que, se o quisesse, havia um emprego para si no Observatório do Monte Wilson, não resistiu. E assim, Milton abandonou a perspectiva de trabalhar na sua própria quinta, numa das zonas mais agradáveis do campo californiano, para trabalhar como um dos três zeladores que tomavam conta dos edifícios e arrumavam o observatório.

Trabalhar como zelador substituto não parecia ser um grande emprego, mas o telescópio de 100 polegadas estava prestes a começar a funcionar e como o observatório era visitado por mais astrónomos que utilizavam este e o telescópio de 60 polegadas, além de ser zelador, Milton também tinha de trabalhar em *part-time* como «assistente nocturno». Em Novembro de 1917 – quando a Grande Guerra ainda assolava a Europa – Milton Humason começou a trabalhar ajudando em tudo o que fosse necessário aos astrónomos do Observatório do Monte Wilson. Certificava-se de que os telescópios estavam apontados na direcção correcta, ajudava a revelar as chapas fotográficas e fazia o café, tudo por cerca de 80 dólares mensais. Mesmo em 1917, dois dólares e meio por dia era muito pouco para sustentar uma família; mas, como se costuma dizer, de bom grado os pagaria. Milton adorava a montanha, adorava o trabalho e tinha direito a uma cabana sem pagar renda; além disso, tinha direito às refeições enquanto trabalhava. Não temos informações acerca de como Helen Humason encarava a mudança de carreira do marido.

Na altura em que Milton começou a trabalhar no Observatório do Monte Wilson, a única maneira de os astrónomos poderem registar imagens de estrelas e de outros objectos celestes consistia na utilização de chapas de vidro fotográficas – lâminas de vidro cobertas por químicos sensíveis à luz. Mesmo com os grandes telescópios então utilizados no Monte Wilson, a maioria dos objectos que interessava aos astrónomos era tão ténue que as chapas tinham de ser expostas à luz focada pelo telescópio durante horas, enquanto o observador tinha de manter o telescópio firmemente apontado ao objecto celeste em que estava focaado. O telescópio Hooker possuía um mecanismo automático que o orientava de modo a seguir determinada estrela à medida que a noite avançava, mas esse sistema era muito falível e precisava de constantes reajustamentos durante a noite. Por vezes, nem uma noite inteira de observação era suficiente para tirar uma única fotografia. Neste caso, o observador tinha de guardar a chapa de vidro fotográfica numa caixa escura, retirá-la depois na noite seguinte, voltando a montá-la cuidadosamente no telescópio na mesma posição exacta da anterior e deixar que ela absorvesse mais luz do distante objecto celeste que estava a ser registado. Esta segunda noite de observação tornaria a imagem fotográfica mais nítida.

Só após todo este trabalho – por vezes, levado a cabo durante várias noites consecutivas – é que a chapa podia ser levada para a câmara escura fotográfica, onde era revelada através de um tratamento com outros químicos que fixavam a imagem como um negativo fotográfico no qual as estrelas brilhantes apareciam a preto. Milton Humason estava fascinado com todo aquele processo e desejava saber mais. O seu desejo realizou-se quando Hugo Benioff, um estudante universitário de Pasadena, foi passar as suas férias no Observatório do Monte Wilson para trabalhar como voluntário. Hugo estimava Milton e ensinou-o a tirar fotografias astronómicas, utilizando um pequeno telescópio de 10 polegadas (cerca de 25 cm). A paciência que Milton deve ter desenvolvido durante os seus anos como condutor de mulas, acrescentada a uma simples propensão para o ofício e ao interesse pelo assunto, encorajaram-no a continuar a tirar fotografias astronómicas, mesmo depois de Hugo Benioff ter regressado à universidade.

Pouco tempo depois, Harlow Shapley, um dos principais astrónomos do Monte Wilson, reparou no talento de Milton e admitiu-o como seu assistente não oficial. Milton Humason, antigo paquete, jardineiro, agricultor e zelador sem formação universitária, depressa se tornou, segundo as próprias palavras de Harlow Shapley, «um dos melhores observadores que já

Ilustração 3. Financiado por um homem de negócios chamado John D. Hooker, o telescópio de 100 polegadas ficou operacional em Novembro de 1917. O seu espelho continua a ser o maior espelho de vidro sólido alguma vez feito. (Royal Astronomical Society)

tivemos». Shapley tinha tanta confiança na competência de Milton que foi falar com George Ellery Hale, que ainda era o director do Observatório do Monte Wilson, para o convencer a admitir oficialmente Milton Humason no corpo científico do Observatório. Hale, embora tivesse algumas dúvidas de que Milton Humason, um homem sem formação académica, fosse a pessoa certa para o cargo, teve confiança suficiente no parecer de Shapley para nomear oficialmente Milton como membro subalterno do corpo científico do Observatório em 1920, promovendo-o a astrónomo assistente em 1922.

Na altura em que Milton Humason obteve essa importante promoção, Harlow Shapley já deixara o Monte Wilson para trabalhar como director do Laboratório de Harvard. Mas, pouco antes de deixar o Monte Wilson, estivera envolvido num estranho incidente no qual os seus actos podem muito bem ter atrasado por alguns anos a descoberta do Universo em expansão. Passou-se no Inverno de 1920/21, depois de Harlow Shapley ter dito a Milton para tirar algumas fotografias de um objecto conhecido como a Nebulosa Andrómeda – uma mancha indistinta de luz no céu –, utilizando o telescópio de 100 polegadas que estava operacional desde 1918. Shapley pediu a Milton que tirasse várias fotografias da nebulosa em momentos diferentes e que as comparasse para verificar se algo mudara. Na altura, pensava-se que esse tipo de nebulosas pudessem ser nuvens de gás no interior da Via Láctea e que, por isso, estariam relativamente próximas de nós; era natural observá-las para verificar se havia alguns sinais de que as «nuvens de gás» se deslocassem ou se alterassem de alguma forma.

Milton Humason cumpriu a tarefa que lhe fora confiada, mas surpreendeu-se ao ver que nas suas melhores imagens da Nebulosa Andrómeda, obtidas com o que era na altura o melhor telescópio do mundo, havia minúsculos pontos de luz (na verdade, pontos negros, nas chapas negativas) visíveis em algumas chapas, mas não em outras. Pareciam-lhe estrelas cujo brilho variava, de modo que por vezes podiam ser detectadas, e outras vezes eram invisíveis. Cuidadosamente, Milton assinalou as posições dessas estrelas com pequenas linhas desenhadas a tinta na parte de trás de uma das chapas, e levou-a a Harlow Shapley para lhe mostrar o que havia descoberto.

Com uma desconcertante falta de compreensão, Shapley explicou calmamente a Milton que, entre os astrónomos, sabia-se muito bem que era impossível existirem estrelas variáveis na Nebulosa Andrómeda. Em seguida, tirou as chapas da mão de Milton, virou-as e apagou com um lenço as linhas de tinta cuidadosamente traçadas.

Milton reflectiu muito no caso, mas nada disse. Estava bem ciente de que se encontrava apenas no primeiro degrau da escada de uma carreira importante na astronomia. Não tinha qualificações académicas, devia o emprego a Harlow Shapley e esperava uma promoção. Apesar das suas próprias convicções, não iria discutir com o patrão. Mas as observações de Milton estavam correctas e dez anos depois já não havia qualquer dúvida de que existem estrelas variáveis na Nebulosa Andrómeda e em muitas outras nebulosas similares que apareciam como manchas indistintas nas chapas fotográficas dos astrónomos. De facto, estas nebulosas não eram nuvens de gás entre as estrelas da Via Láctea, mas galáxias inteiras semelhantes à própria Via Láctea – mas muito, muito distantes dela. Edwin Hubble, o astrónomo que viria a provar este facto, já estava no Monte Wilson quando, sem o saber, Harlow Shapley se encontrava noutro ponto do mesmo observatório a apagar calmamente as chapas fotográficas de Milton Humason, que constituíam a primeira prova real de que as nebulosas são galáxias.

Só após ter sido estabelecida a verdadeira natureza das galáxias é que Milton Humason decidiu contar aos colegas como Harlow Shapley esteve perto de descobrir a verdade em 1921.

2

O homem que olhava para lá da Via Láctea

Os nomes de Edwin Hubble e de Milton Humason ficarão ligados para sempre na história da astronomia devido ao trabalho que realizaram juntos depois de 1926, que provou que o Universo está em expansão e que nasceu num *Big Bang*. A colaboração entre ambos foi muito proveitosa, embora possuíssem formações e personalidades extremamente diferentes.

Edwin Hubble nasceu em 1889, sendo por isso dois anos mais velho do que Humason. Muitos relatos da sua vida sugerem que se tratava de uma espécie de super-homem: atleta completo de classe internacional, pugilista que podia ter sido campeão do mundo de pesos-pesados, advogado de sucesso que abandonou uma carreira brilhante para ser astrónomo, e herói de guerra ferido em França nos últimos dias da Primeira Guerra Mundial. Infelizmente, todas estas histórias pecam por algum exagero, principalmente porque se baseiam nos relatos feitos pelo próprio Hubble. A verdade é que ingressou na universidade de Chicago, onde se tornou um bom atleta universitário (mas nunca de classe mundial em nada), e foi, de facto, um excelente estudante. Para além de física e matemática, estudou línguas e literatura clássicas e economia política, e ganhou a cobiçada e prestigiada bolsa de estudo Rhodes, que lhe permitiu estudar direito durante dois anos na Universidade de Oxford.

No entanto, era típico de Edwin Hubble acrescentar um pequeno toque de fantasia à sua vida quotidiana. Nos dois anos em que estudou em Oxford, tornou-se numa espécie de imitação de *gentleman* inglês. Usava casacos de *tweed*, fumava cachimbo e falava com uma pronúncia «britânica» que desagradava a muitos dos seus colegas americanos.

Em 1913, o pai de Edwin Hubble faleceu, com apenas 52 anos, deixando oito filhos, estando os mais novos ainda na escola. Edwin só pôde voltar a casa após terminar os estudos, mas depois regressou para organizar os assuntos da família. Em vez de exercer advocacia (como sempre afirmou), trabalhou durante um ano como professor do ensino secundário antes de ir para o Observatório Yerkes, perto de Chicago (o primeiro observatório fundado por George Ellery Hale), para fazer investigação em astronomia. Concluiu o doutoramento em 1917, essencialmente graças ao seu trabalho de pesquisa fotográfica das nebulosas indistintas. Já lhe havia sido oferecido emprego no Monte Wilson, onde Hale estava a reunir a sua equipa para o início das operações com o telescópio Hooker de 100 polegadas. Mas estávamos em Abril de 1917, os Estados Unidos tinham acabado de entrar na Grande Guerra, e Edwin Hubble alistou-se como voluntário na infantaria, pedindo a Hale que conservasse a vaga aberta até ao seu regresso da Europa.

De facto, a divisão de infantaria de Hubble só chegou a França nas últimas semanas da guerra. Os registos oficiais dizem que ele nunca esteve envolvido em combate e não mencionam qualquer ferimento, ainda que, durante toda a vida, Edwin Hubble afirmasse que não podia esticar por completo o braço direito porque fora atingido em combate, no cotovelo, por estilhaços de um obus. No final da guerra, permaneceu em Inglaterra durante tempo suficiente para irritar Hale, que queria que ele começasse a trabalhar no telescópio de 100 polegadas. Só chegou à Califórnia para assumir o seu novo cargo em Setembro de 1919, quase um ano depois de ter acabado a Grande Guerra na Europa. Aos 29 anos de idade,

Hubble continuava a usar a patente militar de major, apesar da sua muito limitada carreira no Exército. Mas, embora irritasse os colegas com a sua arrogância e constante habilidade para causar excelente impressão, Edwin Hubble era, sem qualquer dúvida, um dos melhores astrónomos observacionais do mundo – mas não tão bom quanto Milton Humason.

Não era por acaso que tanto Harlow Shapley como Edwin Hubble se interessavam por nebulosas. Estes objectos constituíam na altura o grande enigma da astronomia, uma vez que descobrir o que eram as nebulosas e onde se localizavam teria um grande impacto na compreensão do nosso lugar no Universo. Temos de nos lembrar que só no século XX é que os astrónomos começaram a perceber a verdadeira dimensão da própria Via Láctea. É muito difícil medir distâncias relativamente às estrelas, simplesmente porque estão muito longe. No século XIX, só algumas distâncias estelares haviam sido directamente calculadas, através da medição do movimento aparente das estrelas no céu enquanto a Terra orbita à volta do Sol. A isto chama-se paralaxe e, em princípio, é exactamente o mesmo que o efeito observado quando esticamos o braço e olhamos para um dedo enquanto fechamos alternadamente cada um dos olhos. A imagem do dedo parece saltar ao longo do segundo plano, porque cada olho vê o dedo a partir de um ângulo ligeiramente diferente. Quanto mais curta for a distância entre os olhos e o dedo, maior será o efeito; medindo os ângulos, poderíamos utilizar a triangulação para determinar o comprimento do braço, embora só um tolo o tentasse. Esta técnica mostrou que até a estrela mais próxima do Sol está a 4,3 anos-luz de distância. A luz, que se desloca a 300 000 km por segundo (9,46 biliões de km por ano), precisa de 4,3 anos para chegar da estrela mais próxima do Sol até nós. E o Sol está perto. A maioria das estrelas encontra-se muito mais longe do que isso.

Também há maneiras para determinar a distância média relativamente a todas as estrelas num aglomerado, que se movem juntas pelo espaço como um enxame de abelhas. Se as observarmos durante um período de tempo suficiente – em alguns casos, durante anos –, podemos ver como as estrelas se movem no céu. Uma vez que as estrelas se encontram num aglomerado, movendo-se mais ou menos na mesma direcção pelo espaço, parecem convergir num ponto do céu, tal como os carris paralelos dos comboios parecem convergir num ponto do horizonte. Isto revela-nos o ângulo em que as estrelas se movem em três dimensões; sabendo isto, podemos usar uma geometria relativamente simples para determinar a distância a que se encontram de nós, distância que é responsável pela espécie de movimento lateral que vemos. Mas este método só funciona para aglomerados de estrelas relativamente próximos, até distâncias entre 100 e 150 anos-luz. A boa notícia é que, se soubermos qual a distância até a um aglomerado, que pode conter centenas de estrelas, podemos determinar o verdadeiro brilho de outras estrelas com diferentes propriedades (diferentes cores, etc.). Por conseguinte, se observarmos uma estrela semelhante noutro ponto qualquer do espaço, podemos calcular a sua distância, supondo que a sua luminosidade intrínseca é igual à das estrelas do aglomerado original e medindo o seu «brilho aparente» – ou seja, o quão indistinta se apresenta.

Estas técnicas eram evidentemente bastante rudimentares. Mas há um processo que resolveu os problemas de medição de distâncias astronómicas. Esta descoberta foi realizada, em 1908, por Henrietta Swan Leavitt no Observatório de Harvard, e, em 1912, confirmada como uma maneira rigorosa de medir distâncias. Existe uma família de estrelas, designadas por Cefeidas, cujo brilho varia de modo regular. Henrietta Swan Leavitt percebeu que o tempo que uma dessas estrelas precisa para percorrer um ciclo de brilho, desvanecimento e brilho outra vez (o seu período) depende do brilho absoluto da estrela, que apresenta uma média durante todo o ciclo. Por conseguinte, se observarmos uma Cefeida, só precisamos de medir o seu período para conhecer o seu verdadeiro brilho. Se conhecermos o seu brilho intrínseco, podemos determinar

A paralaxe é o aparente desvio de posição ou de direcção de um corpo celeste quando observado a partir de diferentes localizações. Pode ser observado simultaneamente a partir de duas estações na Terra geograficamente muito distantes uma da outra, ou em intervalos de seis meses a partir de pontos opostos da órbita terrestre. Através da triangulação, os ângulos resultantes fornecem a distância da estrela ou do planeta relativamente à Terra. Quanto maior for a paralaxe de um corpo, mais perto está do observador.

Medir a distância relativamente à Lua

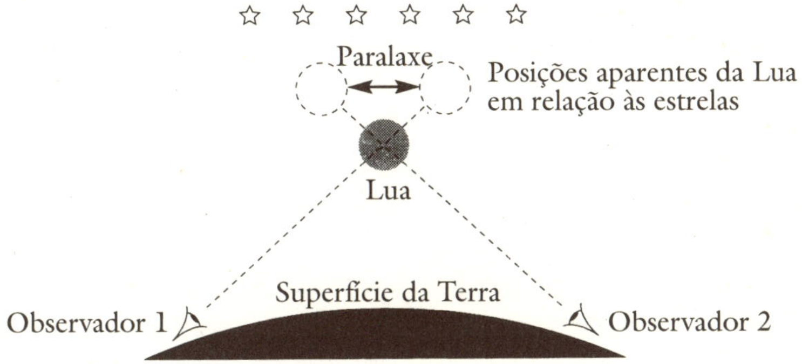

Paralaxe
Posições aparentes da Lua em relação às estrelas
Lua
Superfície da Terra
Observador 1
Observador 2

Medindo o ângulo entre as duas posições aparentes da Lua e a distância entre os dois observadores, calcula-se que a Lua esteja a cerca de 384 400 quilómetros da Terra.

Medir a distância relativamente a estrelas próximas

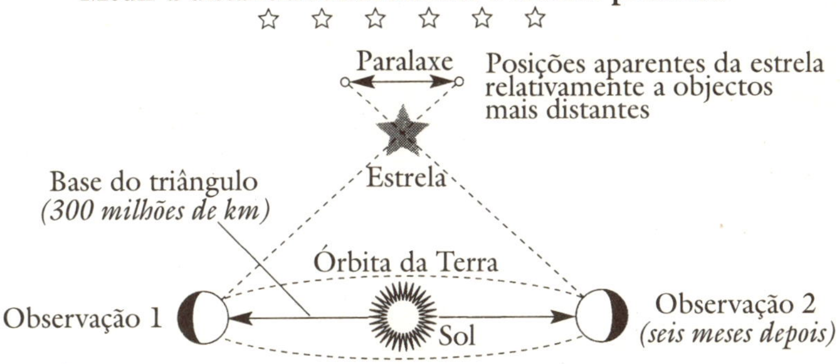

Paralaxe
Posições aparentes da estrela relativamente a objectos mais distantes
Estrela
Base do triângulo *(300 milhões de km)*
Órbita da Terra
Observação 1
Sol
Observação 2 *(seis meses depois)*

Corpos mais distantes apresentam uma paralaxe muito mais pequena (aqui bastante exagerada), e exigem uma linha de base consideravelmente maior para uma rigorosa triangulação da distância.

Ilustração 4. O princípios da paralaxe e da triangulação. (*Copyright* da ilustração © 2003 Nicholas Halliday) a que distância se encontra pela luminosidade que apresentar no céu. Há poucas Cefeidas em aglomerados suficientemente próximos para que se possa medir as suas distâncias, e essas Cefeidas são utilizadas para calibrar a «escala de distância Cefeida». Pelo estudo de Cefeidas em aglomerados distantes, é possível determinar a distância a que se encontram esses agrupamentos e aprender ainda mais como é que coisas como as cores das estrelas estão associadas ao seu brilho.

Trabalhando no Monte Wilson a partir de 1914, essencialmente com o telescópio de 60 polegadas, Harlow Shapley utilizou este método das Cefeidas para determinar as distâncias das estrelas ao longo da Via Láctea; em 1919, calculou que vivemos num enorme disco de estrelas (a Via Láctea) com um diâmetro de 300 000 anos-luz e que o Sol e os seus planetas se encontram a dois terços da orla do disco. Tinha razão quanto à forma daquilo a que hoje se chama a nossa Galáxia – é como um ovo estrelado, com uma protuberância no centro cercada por um fino disco – e estava certo quanto à nossa relativa distância entre o centro e os limites galácticos. Mas sabe-se agora que Harlow Shapley calculou incorrectamente a dimensão da Galáxia Via Láctea por não ter levado em conta o efeito da poeira que encobre a luz das estrelas distantes. Uma estrela pode parecer indistinta por estar muito longe, ou devido ao facto de parte da sua luz ser bloqueada por poeira, ou pelas duas razões. Se for pouco visível devido à poeira, mas se pensarmos que isso se deve ao facto de se encontrar muito longe, calcularemos que está mais longe do que se encontra na realidade. Quando a poeira é correctamente levada em conta, a Via Láctea tem apenas uma extensão de 100 000 anos-luz – suficientemente grande ainda para conter cerca de 200 mil milhões de estrelas, mais ou menos parecidas com o Sol.

Harlow Shapley, tal como muitos outros astrónomos na segunda década do século XX, pensava que isto constituía a totalidade do Universo – tudo o que existia – e que as nebulosas eram ou nuvens de gás e poeira no interior da Via Láctea, ou pequenos satélites que orbitavam a Via Láctea, tal como a

Lua orbita à volta da Terra. Também pensava que a Via Láctea existia desde sempre e que as estrelas, embora pudessem crescer, envelhecer e morrer, seriam substituídas por novas estrelas, tal como uma floresta pode viver muito mais do que o tempo de vida de uma árvore.

Mas outros astrónomos tinham ideias diferentes. Alguns acreditavam que a Via Láctea era apenas uma parte do Universo, e que coisas como a Nebulosa Andrómeda eram outros «universos insulares», galáxias por direito próprio, tão distantes que mesmo a luz de biliões de estrelas juntas se apresentaria apenas como uma indistinta mancha de luz no céu. O único modo de descobrir a verdade consistia em desenvolver técnicas fotográficas e telescópios suficientemente bons para detectar estrelas nessas nebulosas (se estas fossem realmente constituídas por miríades de estrelas). Foi aqui que Edwin Hubble e o telescópio de 100 polegadas triunfaram, e onde Harlow Shapley perdeu uma oportunidade de conquistar a glória devido à sua convicção de que as nebulosas eram pequenos objectos próximos que não continham estrelas.

Edwin Hubble iniciara a sua carreira no Monte Wilson utilizando o telescópio de 100 polegadas para desenvolver o trabalho que começara na altura em que estudava para o seu doutoramento em Chicago. O grande número de fotografias de nebulosas que tirou com o telescópio Hooker ajudou-o a completar um sistema de classificação que ordenava diferentes tipos de nebulosas numa sequência de acordo com a sua respectiva forma. É um pouco como as locomotivas no tempo dos comboios a vapor, que eram classificadas em função do tamanho e número de rodas. Hoje percebemos que o mais importante relativamente a toda a observação que Edwin Hubble realizou para este projecto, entre 1920 e 1923, foi o facto de se ter familiarizado bastante com o telescópio de 100 polegadas. Durante esse período de tempo, tornou-se um observador muito experiente, que podia tirar o máximo proveito do complicado e, por vezes, desengonçado telescópio, permitindo-lhe produzir fotografias de nebulosas extremamente pormenorizadas.

Ilustração 5. Edwin Hubble e Sir James Hopwood Jeans no telescópio Hooker de 100 polegadas, com o qual Hubble se tornou extremamente familiarizado. (Henry Huntington Library, San Marino, Califórnia)

As questões quanto à natureza das nebulosas ainda não haviam sido resolvidas quando Edwin Hubble deu por concluído o seu projecto de classificação; por conseguinte, ele próprio tentou resolver o problema. Embora não lhe faltasse autoconfiança, nem mesmo ele tinha muitas esperanças de conseguir encontrar estrelas como o Sol nessas nebulosas, mesmo utilizando o potente telescópio de 100 polegadas. Nessa altura, porém, Hubble nada sabia acerca das observações de Milton Humason que haviam sido rejeitadas pela visão tacanha de Harlow Shapley. Mas pensou noutra maneira de medir as distâncias relativamente às nebulosas.

Na nossa galáxia, a luminosidade de algumas estrelas aumenta bruscamente até 100 000 vezes o brilho do nosso Sol durante alguns dias, depois desvanece-se novamente durante alguns meses. Estas estrelas chamam-se novas, porque, há centenas de anos, os astrónomos pensavam que elas eram literalmente estrelas novas. Edwin Hubble calculou que, se houvesse novas na Nebulosa Andrómeda, e se tirasse bastantes fotografias da Nebulosa em diferentes momentos, então talvez pudesse descobri-las. Todas as novas apresentam quase o mesmo brilho; portanto, se detectasse novas na Nebulosa Andrómeda, poderia calcular a distância relativamente à Nebulosa a partir do nível de luminosidade apresentado por essas estrelas. Iniciou uma nova série de observações com o telescópio de 100 polegadas e os resultados excederam todas as expectativas. No espaço de alguns dias, em Outubro de 1923, Hubble encontrara uma nova visível na orla da Nebulosa Andrómeda e outros dois pontos de luz que ele suspeitava serem novas. Este facto encorajou-o a ir procurar nos arquivos uma série de chapas de vidro com fotografias da Nebulosa tiradas ao longo dos anos por diferentes observadores, incluindo Milton Humason e Harlow Shapley.

A análise pormenorizada das chapas mostrou que uma das «novas» era, na verdade, uma estrela variável, que ao longo dos anos era visível em algumas fotografias, mas não em outras. Melhor, tratava-se de uma Cefeida, com um período de aproximadamente 31,5 dias. Utilizando a escala de distância Cefeida, que, nessa época, era a forma padrão de medir as distâncias, isso significava que a Nebulosa Andrómeda estava a um milhão de anos-luz de distância, muito para lá dos limites da Via Láctea. A moderna calibragem da escala de distância Cefeida, que é consideravelmente diferente (em parte, devido ao referido problema da poeira), coloca-a pelo menos duas vezes mais longe, a mais de dois milhões de anos-luz de distância – e esta, como se sabe agora, é a grande galáxia mais próxima da nossa. Mas a distância exacta não interessava. O importante é que Edwin Hubble provara que a Via Láctea é apenas uma galáxia, e que o Universo se estende por distâncias inimagináveis para lá dela, com muitas outras galáxias, cada uma delas constituída por uma profusão de estrelas.

Ilustração 6. Ao examinar uma série de chapas da Nebulosa Andrómeda, Hubble foi levado a concluir que a Nebulosa, na verdade uma galáxia, está a uma distância muito maior do que anteriormente se calculara. (Henry Huntington Library, San Marino, Califórnia)

Nos meses que se seguiram, Edwin Hubble descobriu outras novas e Cefeidas na Nebulosa Andrómeda, e mais Cefeidas em várias outras nebulosas, tudo apontando para a mesma conclusão. As provas foram discutidas num encontro da Sociedade Astronómica Americana, em Janeiro de 1925, onde toda a gente, incluindo Harlow Shapley, concordou que agora não restavam dúvidas de que o Universo era um lugar muito maior do que anteriormente se pensava e que essas nebulosas eram galáxias. De facto, algumas nebulosas são nuvens de gás no interior da Via Láctea, mas, para se evitar confusões, continuam a ser designadas por «nebulosas». As nebulosas que se encontram para lá da Via Láctea chamam-se agora galáxias.

3

Do planeta vermelho aos desvios espectrais vermelhos (*Redshifts*)

Edwin Hubble acabara de fazer uma das maiores descobertas da história da astronomia. Mas sabia que só tinha conseguido medir distâncias relativamente a um pequeno número das galáxias mais próximas da nossa Via Láctea. Chamava ao seu trabalho «reconhecimento» e desejava medir galáxias distantes no Universo, muito para além do ponto onde as Cefeidas seriam visíveis mesmo para o potente telescópio de 100 polegadas.

Hubble tinha lido acerca do trabalho de um astrónomo chamado Vesto Slipher, que trabalhava no Observatório Lowell, em Flagstaff, no Arizona, e achou que havia algo nele capaz de constituir uma pista que valia a pena ser seguida. O Observatório Lowell fora construído em 1894 por um homem de negócios muito rico chamado Percival Lowell, com um só propósito – encontrar provas da existência de vida em Marte. Mas, além desta grande obsessão, Lowell também estava interessado em saber como se tinham formado os planetas. Nessa época, a maioria dos astrónomos pensava que muitas das nebulosas vistas através dos telescópios podiam ser nuvens de gás e de poeira em turbilhão que estavam a assentar para formar um sistema planetário como o sistema solar. Nessa altura, muitas pessoas ainda pensavam que a Via Láctea constituía a totalidade do Universo e que essas nebulosas eram nuvens de matéria entre as estrelas.

Vesto Slipher integrava a equipa de astrónomos do Observatório Lowell em 1901 quando Percival Lowell o contratara para investigar um tipo específico de nebulosa com uma estrutura em espiral que se assemelhava ao padrão formado por natas misturadas numa chávena de café. Nessa época, os astrónomos pensavam que uma nebulosa em espiral seria, provavelmente, um disco giratório de matéria que estava a assentar para se tornar um sistema planetário. Slipher trabalhou essencialmente com um telescópio novo e potente, pelos padrões da época – um refractor de 24 polegadas (cerca de 60 cm). Ligado ao telescópio estava um aparelho para fotografar o espectro de luz de objectos indistintos. A esta combinação do espectro com a fotografia vir-se-ia a chamar espectrografia.

Os espectógrafos constituíram um grande avanço na astronomia, porque o espectro de luz de um objecto mostrava a sua composição e a velocidade a que se movia. O espectro básico da luz é formado pelas cores do arco-íris: vermelho, laranja, amarelo, verde, azul, índigo e violeta. Mas, ao microscópio, é possível ver que o espectro é atravessado por linhas claras e outras escuras. Estas linhas são produzidas em pontos muito específicos do espectro, em comprimentos de onda específicos, pelos átomos dos diferentes elementos – por exemplo, o sódio produz um padrão de linhas, o oxigénio outro, e assim sucessivamente. Cada padrão de linhas é como um código de barras e tão único quanto este. Por conseguinte, através da medição das posições das linhas no espectro de luz de uma estrela – ou de qualquer outra coisa – é possível conhecer a sua composição. Era isto que fascinava Vesto Slipher. Queria conhecer a composição das nebulosas e verificar se correspondia ao tipo de matéria que os astrónomos pensavam estar na origem do Sistema Solar. Mas Slipher acabou por descobrir algo bastante inesperado.

As linhas características de um espectro produzem-se sempre nos mesmos comprimentos de onda em relação aos mesmos elementos. Mas se o objecto que emite a luz se mover na nossa direcção, todo o padrão de linhas (o código de barras) desvia-se para comprimentos de onda mais curtos, ou seja, para a extremidade azul do espectro – a isto chama-se um desvio espectral azul (*blueshift*). E se o objecto estiver a afastar-se de nós, o padrão desvia-se para a extremidade vermelha do espectro – um desvio espectral vermelho (*redshift*). O valor do desvio (azul ou vermelho) diz-nos a velocidade a que se move o objecto, na nossa direcção ou na direcção oposta.

Para descobrir o que queria saber, Vesto Slipher teve de desenvolver a tecnologia necessária para tirar espectrografias de nebulosas em espiral, que são objectos muito indistintos, começando por praticar em coisas brilhantes, como estrelas. Para termos uma ideia de como Slipher trabalhava nos limites daquilo que, na época, era tecnicamente possível, para se obter alguma informação útil das observações de nebulosas em espiral as chapas fotográficas tinham de ser expostas durante mais de 40 horas ao longo de várias noites. A descoberta de Slipher deu-se em 1912, quando obteve uma série de espectrografias da Nebulosa Andrómeda. Estes estudos iriam mostrar que aquelas nebulosas eram compostas por estrelas, e não apenas por gás e poeira – mais provas de que se tratava de galáxias. Mas o que realmente espantou Slipher foi a descoberta de que todo o espectro da Nebulosa Andrómeda se desviava para o azul – de tal modo que isso significava que a nebulosa se move na nossa direcção a uma velocidade de 300 quilómetros por segundo. À época, tratava-se da maior velocidade alguma vez medida para um objecto astronómico, e este facto fez com que Vesto Slipher desviasse o foco do seu trabalho para a medição de mais velocidades de nebulosas em espiral.

À medida que Slipher observava mais espirais, tornava-se claro que a Nebulosa Andrómeda constituía uma excepção. Em 1914, medira velocidades de 15 desses objectos, mas só um deles apresentava um desvio espectral azul. Todos os outros eram desvios espectrais vermelhos, indicando que os objectos estão a afastar-se de nós, e dois deles movem-se a velocidades superiores a 1000 quilómetros por segundo. Vesto Slipher só podia medir estes efeitos nos espectros das maiores

Os elementos atómicos de um corpo estelar produzem linhas características no seu espectro de luz. Devido à disposição dos electrões que rodeiam o núcleo, os átomos de um determinado elemento emitem ou absorvem luz apenas num comprimento de onda bem definido. A luz é emitida por átomos nas regiões quentes da superfície de uma estrela, produzindo linhas claras no espectro. A absorção ocorre em regiões mais frias e mais afastadas da superfície ou nas nuvens de poeira ou gás que rodeiam uma estrela, e produz linhas mais escuras.

Pode utilizar-se um espectroscópio para dividir a luz de uma estrela nas suas cores componentes, e as chapas fotográficas resultantes, ou «espectrografias», mostram a composição de um objecto e a velocidade a que se move.

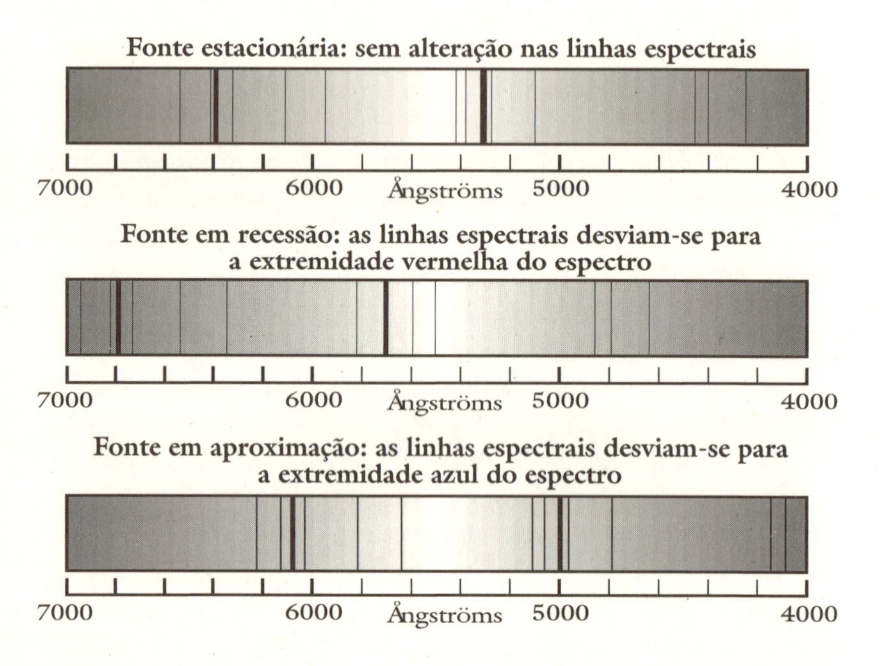

A velocidade e direcção de deslocamento da estrela relativamente ao observador determina o valor do desvio destas linhas. Quando um corpo irradiante se afasta do observador, as ondas emitidas «estendem-se», o comprimento de onda alarga e as linhas espectrais desviam-se para a extremidade vermelha do espectro. Se o corpo estiver a aproximar-se, o comprimento de onda é comprimido e as linhas de absorção desviam-se para a extremidade azul do espectro. O desvio espectral vermelho (*redshift*) pode ser utilizado para calcular a velocidade de recessão de um objecto.

Ilustração 7. O desvio das linhas espectrais. (*Copyright* da ilustração © 2003 Nicholas Halliday) e mais brilhantes nebulosas em espiral – mesmo essas nebulosas tinham o mínimo brilho necessário para que a sua luz pudesse ser analisada desta maneira. Parecia lógico supor que essas espirais deviam ser as que estavam mais perto – mas, na época, ninguém conhecia a distância que as separava de nós. Contudo, à medida que Slipher ia lentamente aumentando o número de medições dos desvios espectrais vermelhos, começou a despontar um padrão. Em 1925, na mesma altura em que Edwin Hubble apresentava as primeiras medições das distâncias que nos separam daquilo que agora se sabia serem galáxias em espiral, Vesto Slipher medira 39 desvios espectrais vermelhos e apenas dois desvios espectrais azuis. Com base nestes indícios, era como se as galáxias maiores e mais brilhantes tivessem menores desvios espectrais vermelhos. A melhor conclusão apontava para o facto de as galáxias maiores e mais brilhantes se encontrarem mais próximas de nós do que as galáxias pequenas e indistintas – mais exactamente, todas as galáxias têm mais ou menos a mesma dimensão, mas algumas parecem maiores e mais brilhantes por estarem perto, enquanto outras parecem pequenas e indistintas por se estarem muito afastadas de nós.

Slipher já não podia sondar mais longe no Universo para testar esta ideia, pois atingira os limites da capacidade do telescópio de 24 polegadas e da tecnologia disponível na época. Usando o telescópio de 100 polegadas do Monte Wilson, Edwin Hubble decidiu continuar o trabalho no ponto em que Slipher o havia deixado. Mas não se tratava de um trabalho que pudesse ser feito da noite para o dia porque embora o reflector de 100 polegadas fosse mais potente do que o refractor de 24 polegadas do Observatório Lowell (mesmo tendo em conta o facto de, com o mesmo tamanho, os refractores serem geralmente mais potentes do que os reflectores), este telescópio nunca tinha sido usado para esse tipo de trabalho. Fora utilizado para espectroscopia, mas não nestes objectos indistintos, e seria necessária muita perícia e paciência para desenvolver o seu uso para este tipo de análise espectrográfica.

Ilustração 8. Uma típica galáxia em espiral com os característicos braços em espiral que irradiam a partir de um núcleo denso. Após ingressar no Observatório Lowell em 1901, Vesto Slipher desenvolveu a tecnologia para tirar espectrografias de galáxias em espiral muito indistintas. (Chris Butler/Science Photo Library)

Havia outro problema. Uma coisa era medir desvios espectrais vermelhos – difícil, mas possível –, outra coisa era medir distâncias. Edwin Hubble era o melhor na medição de distâncias das galáxias e, confiante como sempre, queria continuar a sê-lo. Planeava utilizar o telescópio de 100 polegadas para medir distâncias relativamente ao maior número possível de galáxias, através de qualquer técnica possível. Depois, se também obtivesse desvios espectrais vermelhos para as mesmas galáxias, poderia verificar se existia realmente uma relação entre o desvio espectral vermelho e a distância. Se isso resultasse, tudo o que teria de fazer no futuro seria medir desvios espectrais vermelhos e usá-los para calcular distâncias. Mas precisava de mais alguém para realizar a fastidiosa tarefa de adaptar o telescópio de 100 polegadas a este tipo de trabalho espectrográfico delicado e para levar a cabo um programa de medições de desvios espectrais vermelhos.

Milton Humason era a escolha óbvia por duas razões. Em primeiro lugar, era o melhor observador do Monte Wilson e, provavelmente, o melhor do mundo, e também era paciente, cuidadoso e rigoroso. Mas, no espírito de Edwin Hubble, havia outra vantagem em escolhê-lo como assistente – porque Milton, que desistira da escola secundária e fora condutor de mulas e zelador, seria certamente visto apenas como tal, um assistente e não um parceiro igual no projecto. Tentando ser sempre o centro das atenções, Edwin Hubble queria toda a glória para si e, de um modo geral, conseguiu o que pretendia. Mas nunca o teria feito sem a ajuda de Humason.

Bastou-lhe esse auxílio vital. Milton Humason concordou imediatamente em testar as capacidades do telescópio de 100 polegadas para este tipo de trabalho. Fê-lo tirando uma espectrografia de uma «nebulosa» demasiado indistinta para que Slipher a pudesse analisar com o telescópio de 24 polegadas do Observatório Lowell. Passou duas noites, no topo do monte Wilson, a observar através do telescópio de 100 polegadas e produziu um espectro que mostrava que o objecto se estava a afastar da Terra a cerca de 3000 quilómetros por segundo, quase três vezes mais rápido do que a maior velocidade de recessão verificada por Vesto Slipher. No entanto, Milton Humason não estava muito convicto de que o seu esforço tivesse valido a pena.

Este tipo de observação era um trabalho árduo. O telescópio, apontado através da larga abertura da cúpula do edifício, necessitava de constante atenção para que a nebulosa indistinta se mantivesse no centro do campo de visão, o que significava estar horas a fio agarrado aos comandos. No Monte Wilson, as noites eram frias mesmo no Verão, e no Inverno eram agrestes e gélidas. Mas a cúpula do telescópio não podia ser aquecida porque isso provocaria correntes de convecção no ar

Ilustração 9. Vista aérea do Observatório do Monte Wilson, mostrando o aspecto belo e remoto da sua localização. Os telescópios solares podem ser vistos à esquerda, enquanto as cúpulas dos reflectores se encontram à direita. (Cortesia dos Observatórios Carnegie, Carnegie Institution of Washington)

que iriam distorcer a imagem da nebulosa. A maior parte da observação era feita durante o Inverno porque nessa altura as noites eram maiores, e foram precisas duas noites inteiras de trabalho penoso (e literalmente doloroso) para se produzir um único espectro.

O projecto de Edwin Hubble iria necessitar de dezenas de espectros como este, muitos deles de espirais ainda mais indistintas, e cada qual requeria que se passasse mais noites gélidas aos comandos do telescópio. Sem surpresas, Milton Humason começou por rejeitar o projecto. Mas foi convencido a reconsiderar pela promessa de que, em breve, o Observatório receberia um melhor espectógrafo que possibilitaria obter imagens de espirais indistintas numa só noite. Deveria ter adivinhado o que iria acontecer. Assim que o novo espectógrafo chegou, numa versão melhorada, Edwin Hubble quis obter espectros de galáxias ainda mais indistintas, o que mesmo com a nova máquina exigia que Milton realizasse várias noites de observações. Mas, nessa altura, já fora contagiado pelo entusiasmo de Edwin Hubble pelo projecto, e levou tanto o telescópio como a si mesmo até aos limites, em busca de maiores desvios espectrais vermelhos – os quais, como depressa se tornou claro, estavam realmente associados às espirais mais indistintas.

Mas Milton Humason continuou cauteloso e disciplinado. Dando mostras da extrema paciência que fizera dele um bom condutor de mulas, após o primeiro teste à capacidade do sistema passou meses a tirar espectrografias de todos os objectos estudados por Vesto Slipher para se certificar que o telescópio de 100 polegadas, o novo espectógrafo e ele próprio estavam realmente a fazer as coisas como deve ser, e também para confirmar que Slipher não cometera qualquer erro. Todos os resultados batiam certo. Só então é que Milton Humason se preparou para começar a trabalhar num programa com o objectivo de obter «novos» desvios espectrais vermelhos.

4

O Universo em expansão

Enquanto Milton Humason analisava os desvios espectrais vermelhos encontrados por Vesto Slipher (que totalizavam 43, mais os dois desvios espectrais azuis, na altura em que Slipher esgotara a capacidade do telescópio de 24 polegadas), Edwin Hubble media as distâncias de modo tão rigoroso quanto possível relativamente às mesmas galáxias, mais a outra espiral que Milton Humason usara para testar a capacidade do telescópio de 100 polegadas. O trabalho de Edwin Hubble era tão fastidioso e penoso como o que estava a ser feito por Humason – no mesmo telescópio, mas em noites diferentes –, e, infelizmente, depressa se tornou evidente que só as espirais muito próximas estavam suficientemente perto para que as suas distâncias pudessem ser medidas directamente a partir de Cefeidas.

Este facto levantou problemas que dificultaram as tentativas de medir distâncias no Universo até ao final do século XX. A única maneira de contornar o problema consiste em encontrar alguma classe de objectos mais brilhantes do que uma Cefeida, de modo a poderem ser vistos mais longe, mas cujos membros possuam o mesmo brilho. Depois, as distâncias relativamente aos objectos mais brilhantes podem ser aplicadas à escala de distâncias Cefeida olhando para galáxias como a Nebulosa Andrómeda, na qual tanto as Cefeidas como os objectos mais brilhantes são visíveis a partir da Terra.

Um destes chamados indicadores secundários de distância utilizados por Edwin Hubble eram as novas, de que já falámos. Mas ele sabia que nem todas as novas tinham exactamente o mesmo brilho; por isso, não constituíam um indicador de distância muito rigoroso. Outro indicador eram os aglomerados de estrelas. Alguns aglomerados contêm milhões de estrelas numa bola esférica. Com todas estas estrelas a brilhar conjuntamente, os aglomerados podem ser identificados como jóias em redor de algumas das espirais mais próximas. Estes ficaram conhecidos como aglomerados globulares; têm diferentes dimensões e nem todos apresentam o mesmo brilho. Mas Hubble pensou que deveria haver um limite para o tamanho e para o brilho de um aglomerado globular. Comparando o aglomerado globular mais brilhante de uma galáxia com o aglomerado globular mais brilhante de outra galáxia, ficou com a ideia aproximada da distância a que se encontrava a segunda galáxia comparada com a primeira – duas vezes mais longe, 50 por cento mais longe, etc.

Edwin Hubble tentou de todas as maneiras e feitios descobrir as distâncias relativas para galáxias mais remotas comparando determinadas características destas galáxias com o mesmo tipo de características em galáxias como a Nebulosa Andrómeda, cuja distância era conhecida directamente a partir das Cefeidas. Se Hubble pudesse afirmar que determinada galáxia estava, por exemplo, dez vezes mais longe do que a Nebulosa Andrómeda, isso era tudo o que precisava de saber – não precisava de observar Cefeidas nas galáxias mais distantes para conhecer as suas distâncias.

Não se tratava de um método perfeito, mas era o melhor que se podia fazer com os instrumentos disponíveis. Em 1928, Edwin Hubble concluíra a primeira fase do projecto e, com Milton Humason, já começara a perscrutar zonas mais distantes do espaço do que as observadas por Vesto Slipher. Queria esperar mais algum tempo antes de apresentar ao mundo as suas descobertas, de modo a ter grande quantidade de novos dados e poder causar forte impressão. Mas sucedeu algo que o encorajou a divulgar os resultados mais cedo do que pretendia.

Perto do final de 1928, o astrónomo sueco Knut Lundmark endereçou um pedido a Walter Adams, que era então o director do Observatório do Monte Wilson, para visitar o observatório da montanha de modo a poder utilizar o telescópio de 100 polegadas para medir desvios espectrais vermelhos de algumas nebulosas. Chegou até a perguntar se seria possível ter Milton Humason como assistente. O pedido de Knut Lundmark foi delicadamente rejeitado, mas, com esta prova de que outros já seguiam as mesmas pistas que ele, Edwin Hubble decidiu que tinha de publicar um artigo científico que estabelecesse a sua prioridade e revelasse ao mundo a sua descoberta mais importante.

O artigo científico que apresentava as observações e conclusões de Edwin Hubble foi publicado no início de 1929. Tinha apenas seis páginas e tratava apenas das primeiras 46 galáxias estudadas. Mas, nessas seis páginas, Hubble salientava o facto de haver realmente uma relação entre o desvio espectral vermelho e a distância. Além disso, tratava-se do tipo mais simples de relação – o desvio espectral vermelho é directamente proporcional à distância. Por conseguinte, uma galáxia duas vezes mais distante tem um desvio espectral vermelho duas vezes maior, uma galáxia três vezes mais distante tem um desvio espectral vermelho três vezes superior, etc. Isto ficou conhecido como a Lei de Hubble. Como vimos, podia ter sido a Lei de Slipher ou Lei de Lundmark. É assim que costuma suceder na ciência – as novas descobertas não aparecem devido à competência de um único génio, mas têm por base trabalhos anteriores e aproveitam as novas tecnologias. Acontecem porque é o momento certo para isso.

O momento certo para a descoberta da Lei de Hubble foi nos anos 20 porque havia novos telescópios e melhores espectógrafos, que permitiam que os astrónomos perscrutassem zonas muito mais distantes do Universo nunca antes observadas. Alguém teria de fazer a descoberta – Edwin Hubble era o homem certo, com um grande currículo no estudo das nebulosas, que trabalhava no Observatório do Monte Wilson, o lugar certo no momento certo (nos anos 20). Mas o facto de a descoberta ser mais ou menos inevitável não significa que não fosse tremendamente importante. Edwin Hubble tinha finalmente estabelecido que, para se saber a que distância se encontra uma galáxia, o seu desvio espectral vermelho tem de ser medido e dividido por um número (agora conhecido como a Constante de Hubble, ou H) para dar a sua distância.

Pelo menos, isso era em princípio tudo o que se precisava de fazer. O problema fundamental, agora, consistia em determinar rigorosamente o valor da constante, H, medindo distâncias relativamente a tantas galáxias quanto possível, o mais longe possível e da forma mais exacta possível, e medindo desvios espectrais vermelhos das mesmas galáxias. O próximo passo naquilo que se revelaria um longo caminho, foi dado em 1931, quando Edwin Hubble e Milton Humason, juntos, publicaram um artigo maior e muito mais importante que incluía dados de outras 50 galáxias, até a um desvio espectral vermelho que correspondia a uma velocidade de recessão superior a 20 000 quilómetros por segundo, e que mostrava que a relação (Lei de Hubble) ainda prevalecia. Com base nestas medições, calcularam o valor da constante-chave (que Hubble e Humason designaram por K, mas a que chamamos H) em 558, e estimaram que a galáxia mais rápida na amostra estaria a pouco mais de 100 milhões de anos-luz da Terra.

Sabe-se hoje que, por várias razões, a medição do valor de H realizada por Edwin Hubble e Milton Humason era quase exactamente dez vezes demasiado grande. Mas, independentemente do valor exacto de H, Hubble e Humason tinham descoberto uma profunda verdade acerca do Universo – ou seja, que as galáxias se afastam umas das outras e que as velocidades das suas recessões são proporcionais às distâncias entre elas. Não estamos no centro do Universo com tudo a afastar-se de nós. Esta simples relação desvio espectral vermelho–distância, a Lei de Hubble, em que a velocidade é proporcional à distância, é o único tipo de relação (para lá das galáxias que não se movem) que parece a mesma em todas as galáxias. Qualquer galáxia vê o resto do Universo a expandir-se, a afastar-se dela segundo a Lei de Hubble.

Não foi preciso muito tempo para que alguns astrónomos afirmassem que isto significa que todas as galáxias deveriam ter estado mais próximas no passado, e que, se recuássemos suficientemente no tempo, poderíamos ver que todas se tocavam. Antes disso, todas as estrelas deviam estar fundidas numa massa amorfa de matéria. O Universo deve ter tido um princípio na forma de uma bola de fogo – fenómeno que é actualmente conhecido por *Big Bang*.

5

O Big Bang

Várias pessoas contribuíram para a criação da noção que designamos por *Big Bang*, mas quem se serviu directamente das observações realizadas por Edwin Hubble e Milton Humason e popularizou a ideia foi um padre belga chamado Georges Lemaître. Este não era apenas um padre; de facto, Georges Lemaître possuía o tipo de formação verdadeiramente notável com que Edwin Hubble só podia sonhar.

Georges Lemaître estudara engenharia civil na Universidade de Lovaina, na Bélgica; mas em 1914, quando a guerra rebentou, tinha apenas vinte anos e ofereceu-se como voluntário para servir na artilharia. Pelos seus serviços distintos como oficial de artilharia, foi condecorado com a Cruz de Guerra belga, e, após a guerra, fez uma dupla mudança de carreira. Em primeiro lugar, em 1920, concluiu um doutoramento em Matemática e Física na Universidade de Lovaina; depois, estudou para ser padre católico e foi ordenado em 1923. Nunca praticou o sacerdócio, mas tornou-se um membro importante daquilo a que se pode chamar funcionalismo público científico da Igreja Católica, acabando por se tornar presidente da Academia Pontifícia das Ciências.

É fácil imaginar, e muita gente o fez, que as ideias cosmológicas de Lemaître – que promoviam a ideia segundo a qual o Universo tinha nascido (ou sido criado) num momento preciso no tempo – eram suscitadas pela sua fé religiosa e pela imagem cristã do «princípio» descrito no Génesis. Mas isso seria injusto para com ele. A razão pela qual Lemaître merece um lugar de honra na história do *Big Bang* é precisamente porque não baseava as suas ideias científicas na fé, mas elaborava teorias segundo observações do mundo real.

A importância de haver uma ligação entre teoria e observação é realçada pela história do que sucedeu em 1917, quando Albert Einstein tentou, pela primeira vez, utilizar a matemática da sua nova Teoria Geral da Relatividade (mais geral do que a anterior Teoria Especial, porque lida com a gravidade) para descrever a totalidade do espaço e do tempo (o Universo). As equações diziam que o Universo devia estar em expansão, ou possivelmente em contracção, mas não estava imóvel. Nessa altura, ninguém sabia que o Universo estava em expansão; por isso, Einstein pensou que as suas equações estavam erradas. Alterou-as, acrescentando-lhes um termo suplementar para anular a expansão e depois virou-se para outros assuntos.

Nos anos 20, vários matemáticos analisaram as equações descobertas por Einstein, que descreviam o espaço, o tempo e a gravidade. Debruçaram-se sobre equações que descreviam a expansão, sobre versões que descreviam contracção. Mas não o fizeram por pensarem que o Universo fosse realmente assim; fizeram-no porque os matemáticos gostam de brincar com equações. Georges Lemaître era diferente. Também estava fascinado pelas equações, e calculou diferentes maneiras como o espaço e o tempo se podiam comportar. Acima de tudo, queria saber se o Universo seria realmente assim.

Após ter sido ordenado na Igreja Católica, Georges Lemaître ganhou uma bolsa de estudo do governo belga que lhe permitiu ir para Inglaterra, onde passou um ano na Universidade de Cambridge, e depois para os Estados Unidos; pelo caminho, absorveu todas as últimas ideias acerca da teoria da relatividade e da astronomia. Nos Estados Unidos, trabalhou durante dois anos no MIT e com Harlow Shapley no Observatório de Harvard, levando a cabo investigações para um doutoramento. Embora as suas habilitações de Lovaina lhe conferissem o título de «Doutor», o trabalho que aí fizera de facto equivalia mais ou menos a um moderno grau de mestrado em ciências; portanto, valia a pena trabalhar arduamente para um doutoramento americano. Também visitou Edwin Hubble na Califórnia.

Georges Lemaître estava, de facto, presente na conferência onde foi divulgada a descoberta de Edwin Hubble da distância relativamente à Nebulosa Andrómeda, e manteve-se a par dos progressos feitos no Monte Wilson depois de regressar à Bélgica, onde, em 1927, fora nomeado professor de Astrofísica na Universidade de Lovaina. Percebeu imediatamente que, se as nebulosas eram galáxias, e se o Universo se estende muito para lá da Via Láctea, então as equações que o tinham intrigado podiam realmente ser aplicadas ao Universo real. Georges Lemaître foi dos primeiros a compreender que, a uma verdadeira escala cósmica, as galáxias como a Via Láctea são meras «partículas-teste» que mostram de que forma o espaço se altera à medida que o tempo passa, como pequenas lascas de madeira que flutuam num rio e são arrastadas pelas correntes.

No mesmo ano em que assumiu funções na Bélgica publicou um artigo que sugeria que o Universo pode estar realmente em expansão e que esta expansão pode revelar-se em medições das velocidades das galáxias. Mas na altura ninguém prestou qualquer atenção a esta sugestão, principalmente porque fora publicada numa desconhecida revista científica belga que nenhum dos astrónomos que trabalhava com os grandes telescópios se dava ao trabalho de ler.

As coisas mudaram depois de Hubble ter divulgado, em 1929, a descoberta da relação desvio espectral vermelho–distância (Lei de Hubble) e, especialmente, depois de Edwin Hubble e Milton Humason publicarem o seu artigo fundamental em 1931. Entretanto, em Cambridge, Georges Lemaître conhecera Arthur Eddington, o mais importante astrónomo britânico do seu tempo e unanimemente reconhecido como a maior autoridade sobre a teoria da relatividade, depois do próprio Einstein. Em 1929, enviou uma cópia do seu artigo de 1927 a Eddington, que compreendeu a sua importância e fez com que fosse traduzido e publicado numa importante revista científica inglesa. Acabou por ser publicado em inglês em 1931, após o artigo de Hubble e de Humason, facto que ajudou a garantir que desta vez lhe seria prestada alguma atenção.

Nos anos 30, Georges Lemaître desenvolveu a ideia segundo a qual o Universo teve um princípio preciso na forma de um objecto superdenso que designou por «átomo primevo» (por vezes, o «ovo cósmico»). A ideia só passou a chamar-se «Big Bang» nos anos 40, quando foi baptizada pelo astrónomo Fred Hoyle durante um programa radiofónico. Mas, independentemente deste episódio, pode dizer-se que a ideia do *Big Bang* nasceu em 1931, e o pai do *Big Bang* foi Georges Lemaître.

A primeira versão da ideia do *Big Bang* – o átomo primevo de Georges Lemaître – baseava-se directamente na ideia de retroceder no movimento de expansão do Universo e imaginar (ou melhor, calcular) como teriam sido as coisas em tempos muito remotos. Se pegássemos em todas as estrelas de todas as galáxias que Lemaître conhecia, e as juntássemos de modo a constituir uma massa informe de matéria com a mesma densidade do núcleo de um átomo, formar-se-ia uma bola com um diâmetro apenas cerca de 30 vezes maior do que o Sol. Isto é absolutamente impressionante. Ainda que actualmente os astrónomos pensem existir muito mais matéria no Universo visível do que aquilo que podia ser visto da Terra na época de Lemaître, mesmo uma bola dez vezes maior (o que significa mil vezes maior em termos de massa, porque o volume é igual ao cubo do raio) não ultrapassaria o tamanho da órbita de Marte em torno do Sol. Ainda assim, o nosso sistema solar é minúsculo comparado com a vastidão do espaço.

A matéria pode ser assim tão condensada porque, mesmo no interior dos átomos, a quantidade de matéria é minúscula comparada com a quantidade de espaço vazio. Este facto só foi descoberto no início do século XX, quando o físico Ernest Rutherford e os seus colegas analisaram alguns átomos disparando contra eles feixes de partículas minúsculas (chamadas partículas alfa, em feixes designados por raios alfa), e medindo a forma como os raios alfa eram deflectidos. Descobriram que um átomo é, essencialmente, espaço vazio, com uma nuvem de electrões que rodeiam um minúsculo núcleo onde está concentrada quase toda a matéria. Em números redondos, o átomo mais pequeno é 10 000 vezes maior do que o núcleo, e o maior átomo é 100 000 vezes maior do que o núcleo. Devido à regra do cubo para o volume, isto significa que, dentro de um desses átomos maiores, há espaço para $100\ 000^3$ núcleos – é possível colocar mil biliões de núcleos dentro de um único átomo.

Há apenas cerca de duzentos mil milhões de estrelas em toda a Via Láctea, e só cerca de duzentos mil milhões de galáxias visíveis no Universo. Se houvesse 500 mil milhões de galáxias como a Via Láctea, e tivéssemos um núcleo para cada estrela em todas essas galáxias, seria possível colocá-las confortavelmente dentro do volume de um único átomo, ficando com dez por cento do espaço livre para se poderem movimentar.

Por conseguinte, a imagem de Lemaître do nascimento do Universo devia, na verdade, ser chamado «o núcleo primevo», e não o «átomo primevo». Nos anos 30, os físicos começaram a investigar a forma como alguns núcleos pesados instáveis se dividem espontaneamente. A designação deste fenómeno é fissão nuclear, porque é o núcleo que se cinde. Mas o nome popular é «divisão do átomo», e foi no mesmo espírito que Lemaître designou o seu objecto cósmico primordial por átomo primordial, em vez de núcleo primordial. Independentemente do nome, utilizou de forma intencional a ideia de fissão nuclear dos físicos. Se esse enorme núcleo primordial tivesse existido, afirmava ele, seria instável e dividir-se-ia em fragmentos mais pequenos que se afastariam, criando a expansão do Universo num *Big Bang* (embora não lhe chamasse isso), e, como os fragmentos se dividiriam cada vez mais, acabariam por produzir os átomos do nosso mundo.

Há algo errado com a imagem que isto evoca e uma questão por esclarecer que, naquela altura, não podia ser respondida. A imagem do núcleo primordial, parado num espaço vazio, que depois explode em fragmentos que se espalham e se afastam pelo espaço, está errada. O importante acerca da descrição matemática do Universo baseada nas equações de Albert Einstein é o facto de ela nos dizer que o próprio espaço se expande, levando as galáxias consigo. É como aquelas lascas de madeira que flutuam na superfície de um rio. Se o rio for estreito, as lascas de madeira flutuam juntas, mas quando o rio se alarga à medida que entra num largo vale, as lascas de madeira podem separar-se umas das outras. Isto não acontece por se moverem na água – não possuem motores nem remos e, neste caso, podemos dizer que está um dia calmo e sem vento. Separam-se porque aumenta a quantidade de água entre cada lasca – o rio expande-se e leva-as consigo. E é deste modo que se deve imaginar o Universo em expansão. O próprio espaço expande-se e leva as galáxias consigo. A quantidade de espaço entre as galáxias aumenta, sem que as galáxias se movam pelo espaço.

A pergunta não respondida era: de onde terá vindo o átomo primevo de Georges Lemaître? O que havia antes do *Big Bang*? Foram necessários mais de 50 anos para que os cosmólogos enfrentassem realmente o problema, e ainda hoje discutem os pormenores. As discussões são inevitáveis, pois tudo ocorreu há cerca de 13 mil milhões de anos, e porque, como pensam agora os cosmólogos, tem tudo a ver com física quântica. Compreender a teoria quântica já é por si só bastante difícil sem incluir nesta história o nascimento do Universo. A principal diferença relativamente à imagem de Georges Lemaître consiste no facto de esses processos quânticos terem «criado» a semente daquilo que se tornou o nosso Universo como bola de energia pura, e não matéria, e que a matéria surgiu mais tarde, com origem na energia pura segundo a mais famosa equação da ciência, $E=mc^2$. Mas estes pormenores nada têm a ver com a história do modo como os astrónomos mediam as distâncias relativamente às galáxias e mediam o tamanho do Universo. Não é preciso saber como nasceu o Universo para medir o seu tamanho actual, tal como não é necessário saber quando ou onde nasceu alguém para medir a sua altura.

6

Um continente entre ilhas

A descoberta de Edwin Hubble de que as nebulosas em espiral são galáxias, e o seu trabalho com Milton Humason que demonstrou que o Universo se encontra em expansão, foram apenas o início de muitos esforços para medir distâncias através do Universo – para sabermos até onde se pode ver. Edwin Hubble não se preocupou demasiado com o significado da relação desvio espectral vermelho–distância. Era natural considerá-la uma prova de que o Universo está em expansão, especialmente porque correspondia perfeitamente às equações da Teoria Geral da Relatividade. De facto, fora assim que a maioria dos astrónomos, desde Georges Lemaître, interpretara a relação. Mas o grande interesse de Edwin Hubble eram as distâncias, e aquilo que realmente lhe interessava era medir a relação de forma rigorosa, o que significava descobrir o valor exacto de H, a Constante de Hubble. Depois, poderia medir distâncias relativamente a qualquer galáxia cujo desvio espectral vermelho pudesse ser medido, simplesmente dividindo o desvio espectral vermelho determinado pelo valor conhecido de H.

Edwin Hubble sabia que, mesmo com algumas dúzias de medições de distâncias relativamente às galáxias, teria apenas uma vaga ideia do valor de H. Para além da dificuldade de medir coisas como o brilho de Cefeidas, supernovas ou aglomerados globulares em galáxias distantes e indistintas, havia outro problema. A expansão do universo não é a única coisa que pode afectar a luz de objectos distantes. O modo como se movem através do espaço também desvia as linhas dos seus espectros. Isto era conhecido desde 1840, quando foi previsto por um físico austríaco chamado Christian Doppler. Em sua honra, ainda hoje se designa este fenómeno por efeito Doppler.

Christian Doppler morreu em 1853, com apenas 50 anos de idade, devido a uma doença pulmonar. Mas, durante a sua curta vida, exerceu quatro cargos diferentes de professor. Em 1841, quando tinha 37 anos, foi nomeado professor de Matemática na Academia Técnica de Praga. Em 1847, mudou-se para Chemnitz, na Alemanha, onde foi professor na Academia de Minas. Em 1849, regressou à Áustria para assumir o cargo de professor de Geometria na Universidade Técnica de Viena, antes de se tornar professor de Física Experimental nessa universidade em 1850. Tratava-se claramente de uma vida que deixava pouco tempo livre para aventuras não académicas.

O efeito Doppler é muito conhecido pela maioria das pessoas devido ao seu efeito nas ondas sonoras. Quando um carro de bombeiros se dirige velozmente na nossa direcção com a sirene a tocar, ouvimos uma nota mais aguda do que quando o veículo já passou por nós e se afasta. Isto acontece porque as ondas sonoras da sirene comprimem-se quando o veículo se aproxima, mas distendem-se quando se afasta. Na época de Doppler, não havia sirenes de bombeiros nem muitos veículos velozes; por isso, após ter previsto este efeito com base nos seus cálculos acerca do comportamento das ondas sonoras (realizados em 1842), testou a sua hipótese usando um motor a vapor que puxava uma carruagem aberta através de carris ao longo de uma zona plana na Holanda. No carruagem encontravam-se trompetistas experientes que tocavam uma nota constante o mais alto possível enquanto o comboio se movia. Junto à linha, estavam músicos com um ouvido perfeito e que podiam dizer a nota exacta que ouviam. A diferença entre as notas que ouviam quando o comboio se dirigia na sua direcção e as que escutavam quando se afastava correspondia exactamente ao efeito calculado por Christian Doppler.

O mesmo efeito também se aplica à luz, e pela mesma razão. Se um objecto se move na nossa direcção, as ondas de luz que irradia são comprimidas pelo movimento – um desvio espectral azul. Se o objecto estiver a afastar-se, as ondas de luz distendem-se – um desvio espectral vermelho. Mas, para que o efeito seja perceptível, o objecto tem de se mover a uma velocidade próxima à da luz, que é de 300 000 quilómetros por segundo. Portanto, não notamos este efeito na vida quotidiana, só em astronomia.

É importante perceber que o desvio espectral vermelho cosmológico, como é normalmente designado o efeito descoberto por Edwin Hubble, não é exactamente um efeito Doppler, porque não é provocado por galáxias ou por qualquer outra coisa que se mova no espaço. É causado pelo próprio espaço que se comprime, comprimindo assim a luz que passa através dele. Por conseguinte, quando uma galáxia se move pelo espaço, quer seja na nossa direcção ou na direcção oposta, produz um efeito suplementar, um verdadeiro efeito Doppler, que é adicionado ao desvio espectral vermelho cosmológico – ou talvez até subtraído.

É por isso que a primeira nebulosa em espiral estudada por Vesto Slipher – a Nebulosa Andrómeda – apresenta realmente uma luz com um desvio espectral azul. A Galáxia Andrómeda, como é actualmente designada, é a grande galáxia em espiral mais próxima de nós, e como o desvio espectral vermelho cosmológico é proporcional à distância o desvio espectral vermelho cosmológico da galáxia é minúsculo. Uma vez que a Galáxia Andrómeda se move pelo espaço na nossa direcção, o desvio espectral azul produzido pelo efeito Doppler sobrepõe-se completamente ao desvio espectral vermelho cosmológico. É como se a Galáxia Andrómeda fosse representada por um barco de corrida a subir um rio contra a corrente. O rio tenta arrastá-lo numa direcção, mas o barco move-se na direcção oposta mais depressa do que a velocidade da corrente. Mas, embora o desvio espectral vermelho cosmológico não seja um efeito Doppler, os astrónomos referem-se muitas vezes a ele em termos de velocidade, como se fosse um efeito Doppler. Dizem, por exemplo, que uma galáxia «tem um desvio espectral vermelho de 1000 quilómetros por segundo», o que significa que o desvio no seu espectro é igual ao que seria produzido por um efeito Doppler se a galáxia se movesse no espaço àquela velocidade.

É claro que a Galáxia Andrómeda não tem um motor acoplado a si para se deslocar na nossa direcção. Move-se na nossa direcção porque tanto a Galáxia Andrómeda como a Via Láctea, e algumas outras galáxias pequenas, fazem parte de um aglomerado, ou agrupamento, de galáxias (chamado Grupo Local) que se mantêm juntas graças à gravidade. Todas estas galáxias se deslocam devido às suas mútuas influências gravitacionais, e são arrastadas para esta ou aquela direcção pela gravidade das outras galáxias. Sucede que a Galáxia Andrómeda viaja na nossa direcção através do espaço a cerca de 300 quilómetros por segundo. Mas não precisamos de nos preocupar com a possibilidade de uma colisão. A Galáxia Andrómeda está a mais de dois milhões de anos-luz de distância e qualquer impacto só ocorreria daqui a muito, muito tempo.

Mas isto dá-nos uma ideia do tipo de velocidades a que se movem as galáxias em aglomerados como o Grupo Local. E a maioria das galáxias move-se, de facto, em aglomerados, muitos deles bastante maiores do que o Grupo Local. Os desvios espectrais vermelhos e os desvios espectrais azuis produzidos pelo movimento das galáxias, a velocidades de várias centenas de quilómetros por segundo, fazem com que seja muito difícil distinguir os desvios espectrais vermelhos cosmológicos das medições dos seus espectros, a não ser que se observe pontos tão longínquos do Universo que o desvio espectral vermelho cosmológico se sobreponha completamente ao efeito Doppler. Mas, mais uma vez, isso significa observar galáxias mais distantes e mais indistintas, o que torna tudo ainda mais difícil.

Se um aglomerado de galáxias estivesse à distância exacta para que o seu desvio espectral vermelho fosse de 300 quilómetros por segundo, então qualquer galáxia no aglomerado que se movesse na nossa direcção à mesma velocidade, como a Galáxia Andrómeda, poderia apresentar um desvio espectral vermelho com o valor de zero, se se movesse na nossa direcção, ou um desvio espectral vermelho equivalente a 600 quilómetros por segundo, se se movesse exactamente no sentido oposto. Se a galáxia se move obliquamente, só parte do efeito Doppler é visível da Terra. E não seria muito mau se todas as galáxias se deslocassem à mesma velocidade, a 300 quilómetros por segundo ou a qualquer outra velocidade. De facto, existe uma larga gama de velocidades – uma galáxia num aglomerado pode mover-se na nossa direcção a 100 quilómetros por segundo, outra pode afastar-se a 426 quilómetros por segundo, etc. –, só que, simplesmente, não sabemos que velocidades são essas.

Mas se um aglomerado de galáxias se encontrasse à distância exacta para que o desvio espectral vermelho cosmológico fosse de 3000 quilómetros por segundo, e se a velocidade média das galáxias do aglomerado fosse igual à velocidade a que a Galáxia Andrómeda se aproxima de nós, então o maior efeito que podiam ter na nossa medição da Constante de Hubble seria 10 por cento, já que 300 é exactamente 10 por cento de 3000. Desde a época de Edwin Hubble até ao final do século XX, esta foi a esperança dos cosmólogos – medir H e a escala de distância do Universo com um rigor de 10 por cento.

Edwin Hubble pensou que o tinha conseguido no início dos anos 30. Mas havia algo estranho a respeito destas primeiras medições da escala de distância que na altura parece ter preocupado apenas uma pessoa. Essa pessoa era Arthur Eddington, que deu enormes contributos para o desenvolvimento da astronomia do século XX e que praticamente inventou o ramo da ciência conhecido como astrofísica, a física que estuda o funcionamento das estrelas. Eddington nasceu em 1882 e foi educado numa família quacre. Estudioso brilhante, ascendeu facilmente na carreira académica e, em 1912, tornou-se professor de Astronomia e Física Experimental na Universidade de Cambridge; em 1914, assumiu a função adicional de Director dos Observatórios de Cambridge. Já na casa dos trinta, e com estes cargos importantes, poderíamos pensar que estaria a salvo de se envolver pessoalmente na Primeira Guerra Mundial. Durante algum tempo, foi isso que sucedeu. De facto, Arthur Eddington conseguiu manter algum contacto científico com colegas na Alemanha, embora a Grã-Bretanha e a Alemanha estivessem em guerra. Em 1916, quando foram publicados os artigos científicos de Albert Einstein que descreviam a Teoria Geral da Relatividade, este, que trabalhava então em Berlim, enviou cópias dos artigos ao seu amigo Willem de Sitter, que estava na Holanda, país neutral. De Sitter, por sua vez, enviou cópias da grande obra a Arthur Eddington, que estava em Cambridge; e foi assim que Eddington se tornou especialista da teoria da relatividade quase imediatamente após ter sido descoberta por Einstein. Isto explica a razão pela qual a teoria de Einstein era tão conhecida na Inglaterra – graças à divulgação de Eddington – antes do fim da guerra.

A teoria de Albert Einstein previa que a luz proveniente das estrelas distantes ao passar rente ao Sol fosse ligeiramente curvada. Normalmente, não podemos ver este fenómeno porque a luz das estrelas é anulada pela luz solar. Mas, durante um eclipse total do Sol, quando a Lua está exactamente em frente do Sol, a luz solar é bloqueada, o céu escurece e podemos ver essas estrelas importantíssimas. Arthur Eddington percebeu que, em Maio de 1919, teria uma oportunidade ideal para testar a teoria de Einstein, durante um eclipse que seria visível a partir do Brasil e da ilha do Príncipe, ao largo da costa ocidental de África.

Em 1917, por sugestão de Arthur Eddington e com o entusiástico apoio do Astrónomo Real Sir Frank Dyson, fizeram-se planos provisórios para enviar duas expedições por mar com o objectivo de observar o eclipse em 1919. Mas, como a guerra na Europa se agravava, foi decretada a mobilização militar na Grã-Bretanha: todos os homens saudáveis, incluindo eminentes professores na casa dos trinta, podiam ser chamados para o serviço militar activo. Muitos cientistas estavam consternados ante a perspectiva de se enviar as melhores mentes da sua geração para morrerem nas trincheiras, e organizou-se uma campanha para se isentar pessoas como Arthur Eddington, que seriam muito mais úteis ao país fazendo o seu trabalho normal. Após muitas conversas e discussões, o Ministério do Interior acabou por concordar na isenção de algumas pessoas que trabalhavam em universidades e observatórios. Escreveram a Arthur Eddington para o informar de que, se assinasse e devolvesse uma cópia da carta para confirmar a sua recepção, não seria alistado. Assim o fez, mas acrescentou uma nota, afirmando que era quacre e pacifista, e que não lutaria de qualquer modo, mesmo que tal lhe fosse ordenado pelo governo.

Esta atitude incomodou algumas pessoas do Ministério do Interior. Em 1917, os objectores de consciência era tratados de forma severa e se recusassem alistar-se nas forças armadas eram enviados para campos de trabalho; alguns chegavam a ser presos só por se recusarem a combater na guerra. Portanto, se Arthur Eddington pretendia insistir em ser tratado como objector de consciência, como muitos dos seus amigos quacres, então o Ministério do Interior tinha de o levar a sério.

Desconcertados e irritados com o que sucedera, os amigos de Arthur Eddington voltaram à carga. Após algumas conversações subtis, Sir Frank Dyson, que detinha um cargo atribuído pela Coroa (Astrónomo Real), conseguiu chegar a um compromisso que salvava a face do governo. Decidiu-se que Arthur Eddington ficaria isento do recrutamento nas forças armadas, mas apenas sob a condição de, como serviço público, ter de chefiar uma expedição para assistir ao eclipse para testar a teoria de Einstein, desde que a guerra terminasse a tempo.

Foi graças a esta obra-prima de diplomacia que Arthur Eddington zarpou, de facto, para a ilha do Príncipe na Primavera de 1919. O armistício, que colocou um ponto final na guerra, tinha sido assinado a 11 de Novembro de 1918, embora formalmente a guerra só terminasse com o Tratado

Ilustração 10. Arthur Stanley Eddington (1882-1944), por muitos considerado o pai da moderna astrofísica teórica, em 1927. A sua expedição à ilha do Príncipe, em 1919, ajudou a provar a Teoria Geral da Relatividade de Einstein, na qual, mais tarde, se tornou especialista. (Segrè Collection/American Institute of Physics/Science Photo Library)

de Paz de Versalhes, a 10 de Janeiro de 1920. Isto resultou no facto curioso de uma teoria alemã ter sido publicamente provada por uma expedição britânica, enquanto os dois países ainda se encontravam tecnicamente em guerra.

No início dos anos 30, Arthur Eddington era o «patriarca» da astronomia europeia (embora, em 1932, só tivesse 50 anos) e, tal como a maioria dos cientistas dessa idade, já não desse grandes contributos para a investigação original. Mas possuía bastante experiência e era um homem prudente. Tinha relutância, por muito boas razões, em aceitar imediatamente as novidades vindas do outro lado do Atlântico.

Como a distância relativamente a uma galáxia se determina dividindo o seu desvio espectral vermelho pela Constante H de Hubble, quanto maior for o valor de H, mais curta é a distância relativamente a essa galáxia. Edwin Hubble fazia as coisas ao contrário. Media as distâncias relativamente às galáxias, e Milton Humason media os desvios espectrais vermelhos das mesmas galáxias; depois, Hubble calculava o valor de H. Deste ponto de vista, quanto mais próxima de nós estiver uma galáxia com determinado desvio espectral vermelho, maior deve ser o valor de H. Em ambos os casos, trata-se de uma relação inversa – grandes valores de H correspondem a uma curta escala de distância para o Universo.

O valor de H que Edwin Hubble determinou em 1931 era 558. Este valor corresponde a uma curta escala de distância e a uma surpreendente característica para a qual Arthur Eddington chamou a atenção num livro intitulado *The Expanding Universe*, publicado em 1933.

Como as distâncias para as galáxias em espiral que Edwin Hubble medira eram relativamente curtas, isso significava que as galáxias não eram muito grandes, comparadas com a nossa própria Via Láctea. Quando os astrónomos observam ou fotografam uma galáxia em espiral, a dimensão da imagem obtida, antes de ser ampliada, depende tanto do tamanho real da galáxia como da sua distância em relação a nós. Por exemplo, a Lua e o Sol parecem ter exactamente o mesmo tamanho no céu, uma notável coincidência particularmente visível durante um eclipse solar. Se esticarmos o braço e juntarmos o indicador e o polegar de modo a deixar um orifício com tamanho suficiente para caber a Lua, esse orifício terá o tamanho aproximado de uma ervilha. Portanto, uma ervilha à distância de um braço parece ter o mesmo tamanho da Lua, que tem, na verdade, 3476 km de diâmetro e se encontra a 384 400 km de distância. E apresenta também a mesma dimensão angular do Sol, que, na verdade, tem 1,4 milhões de quilómetros de diâmetro e está a 149,6 milhões de quilómetros de distância. Se observamos no céu alguma coisa que pareça ter a dimensão de uma ervilha, e se soubermos a que distância se encontra, então podemos determinar a sua verdadeira dimensão. O mesmo se aplica a tudo o resto – se conhecermos a dimensão angular e a distância, então podemos determinar a sua verdadeira dimensão (linear).

Quando pessoas como Arthur Eddington faziam isto, nos anos 30, utilizando as distâncias de Hubble relativamente a galáxias em espiral e aos seus diâmetros angulares medidos, todas as espirais apresentavam diâmetros muito mais pequenos do que a nossa Via Láctea, que pode ser medida a partir do interior usando Cefeidas e outros indicadores de distância. Este facto não parecia preocupar Edwin Hubble, que talvez preferisse a ideia de viver na maior galáxia do Universo. Mas preocupou certamente Arthur Eddington, que, no seu livro, escreveu que isso implicava que a Via Láctea fosse como um continente entre ilhas, e continuava: «Francamente, não acredito nisso; seria uma coincidência demasiado grande. Penso que... acabaremos por descobrir que há muitas galáxias de dimensão igual ou superior à nossa»([1]).

Como era possível? Talvez haja outros «continentes» no espaço, galáxias enormes como a Via Láctea, cada uma delas rodeada pelas suas próprias «ilhas», mas que, mesmo com o

---

([1])Arthur Eddington, *The Expanding Universe*, 1933, p. 5.

telescópio Hooker de 100 polegadas, Edwin Hubble e Milton Humason não conseguiram encontrar nas suas observações. Outra possibilidade é que as medições de distância de Hubble estivessem erradas, e que todas as espirais que estudara se encontrassem muito mais longe do que ele supunha – mas tinham de estar quase dez vezes mais afastadas, reduzindo o valor da Constante de Hubble para cerca de 55 ou 60, de modo a implicar que as outras espirais tivessem realmente a dimensão aproximada da Via Láctea. Nos anos 30, ninguém sugeriu um aumento tão drástico na escala de distância cósmica. Mas todos sabiam que qualquer questão acerca da veracidade do trabalho pioneiro de Edwin Hubble só podia ser respondida com telescópios ainda maiores, capazes de fotografar objectos mais indistintos no Universo e de captar os seus espectros para medir os desvios espectrais vermelhos. Felizmente para os astrónomos, graças ao empenho obsessivo de George Ellery Hale em construir telescópios cada vez maiores e melhores, estava já em execução um projecto para montar tal instrumento, com um espelho principal de 200 polegadas de diâmetro (cerca de 5 metros), no monte Palomar, ligeiramente a sul do monte Wilson.

7

Duplicar a escala de distância

De facto, George Ellery Hale era obcecado por telescópios. Começou por construir o maior telescópio refractor do mundo no Observatório Yerkes. Em seguida, passou para o monte Wilson, onde foi o principal impulsionador da criação de um observatório inteiramente novo com um reflector de 60 polegadas e, depois, com um telescópio reflector de 100 polegadas, cada qual, na época, o melhor telescópio do mundo. Em 1923, havia quem achasse que George Ellery Hale já tinha feito o suficiente, podendo agora descansar e olhar para a sua obra com satisfação. Estava com 55 anos de idade e assistira à conclusão do Observatório do Monte Wilson. Fora um trabalho hercúleo, tanto devido às dificuldades de, naquela época, construir um observatório no topo de uma montanha, como por causa dos esforços que Hale teve de efectuar para o financiamento e na burocracia para manter vivo o projecto. Conhecendo-o, ficaríamos admirados por ter conseguido fazer tanto – sofria constantemente de depressões e de fortes dores de cabeça e, ao longo da vida, foi submetido a várias operações devido a uma apendicite aguda, a um problema na vesícula biliar e a uma infecção renal. Também sofreu três pequenos esgotamentos nervosos. Não admira que, após tudo isto, em 1922, tenha sofrido um esgotamento nervoso mais grave, e, no ano seguinte, os médicos obrigaram-no a demitir-se do cargo de Director do Observatório do Monte Wilson.

Os médicos de Hale aconselharam-no a levar uma vida calma e descontraída, e a não voltar a ocupar o seu antigo cargo. Hale retirou-se para a sua casa em Pasadena, no sopé do monte Wilson, onde a sua noção de uma vida calma envolveu a construção de um pequeno observatório para uso privado e a invenção de um espectroscópio mais evoluído, que utilizou para estudar o Sol. Pouco tempo depois, já nem isto chegava para satisfazer a sua incansável ambição e começou novamente a angariar fundos, desta vez para arranjar dinheiro para construir um observatório no hemisfério sul. Teria sido um contributo realmente útil para a astronomia, uma vez que grandes partes do céu só podem ser observadas a partir do hemisfério sul, e, em meados dos anos 20, a maioria dos observatórios astronómicos do mundo encontrava-se no hemisfério norte. Mas desta vez nem os poderes de persuasão de George Ellery Hale foram suficientes para pôr o projecto em andamento e, quando este falhou, Hale sofreu outro esgotamento nervoso.

Há já algum tempo – desde que se iniciara a construção do telescópio de 100 polegadas – que Hale sonhava construir um telescópio ainda maior, com um espelho principal de pelo menos 200 polegadas de diâmetro (cerca de 5 metros). Assim que recuperou da doença, decidiu realizar o seu derradeiro sonho, e recrutou a ajuda de Francis Pease, um dos técnicos especialistas do Monte Wilson, para pôr o sonho em prática. Francis Pease ficou tão contagiado pelo entusiasmo de Hale que desenhou planos para um reflector de 300 polegadas (cerca de 7,6 metros), quase dez vezes mais potente do que o telescópio de 100 polegadas (não só três vezes mais potente, porque a área do espelho é igual ao quadrado do diâmetro).

Em 1928, munido dos desenhos de Francis Pease e com os seus poderes de persuasão completamente recuperados, George Ellery Hale levou o projecto à Fundação Rockefeller, que concordou em financiar o novo telescópio. O projecto foi reduzido para um espelho principal de 200 polegadas de diâmetro (cerca de 5 metros), porque até Hale teve de admitir, quando analisou a sua exequibilidade, que à época ainda não existia a tecnologia para construir um telescópio maior. Em Maio de 1928, a Fundação Rockefeller ofereceu-se formalmente para pagar 6 milhões de dólares pelo projecto. Tratava-se de uma quantia enorme para os preços de 1928 – suficiente para construir uma pequena cidade.

Atrasado devido a problemas técnicos, à Depressão e à II Guerra Mundial, o novo telescópio construído no monte Palomar só ficou inteiramente operacional em 1948. Tinham passado dez anos sobre a morte de George Ellery Hale, poucos meses antes daquele que seria o seu septuagésimo aniversário. Em sua memória, o telescópio de 200 polegadas foi formalmente baptizado como Telescópio Hale.

Não há dúvida de que o telescópio Hale estava décadas à frente do seu tempo e que acelerou o avanço da nossa compreensão do Universo em 20 ou 30 anos. Só nos anos 80 é que outros telescópios começaram a superar a sua capacidade de sondar o Universo, e ainda hoje constitui um instrumento fundamental utilizado por astrónomos que trabalham na investigação de ponta. Tudo graças à obsessão de um homem. E a potência do novo telescópio foi apresentada ao mundo através de algumas das primeiras observações realizadas com ele nos finais dos anos 40.

A pessoa que fez essas observações, beneficiando directamente da visão de Hale e da generosidade da Fundação Rockefeller, foi Walter Baade, alemão de nascimento, que se juntara à equipa do Monte Wilson em 1931. A astronomia é, provavelmente, a mais internacional de todas as ciências e, normalmente, o lugar de nascimento de uma pessoa não tem muito a ver com o seu trabalho. Mas, neste caso, a nacionalidade de Baade é importante para a história, porque foi um factor essencial para explicar por que razão ele gozava de uma utilização quase ilimitada dos melhores telescópios do mundo numa altura em que a maioria dos astrónomos se preocupava com outros assuntos.

Walter Baade era um excelente astrónomo, mas algo desorganizado no que dizia respeito à sua vida privada. Há muito que pretendia tornar-se cidadão americano, mas, por qualquer razão, não tratava do processo de naturalização. Só em 1939 é que começou a organizar a documentação necessária, e logo a seguir perdeu os documentos durante uma mudança de casa. Portanto, quando os Estados Unidos entraram na guerra contra a Alemanha e o Japão após o ataque japonês a Pearl Harbor, em 1941, Walter Baade tornou-se automaticamente aquilo que se designava um «estrangeiro inimigo» – um cidadão da Alemanha, que estava em guerra com os Estados Unidos, mas que vivia na Califórnia. Do ponto de vista das autoridades, o que tornava as coisas ainda piores era o facto de o irmão de Walter Baade ser membro do partido nazi e comandante de um submarino.

A maioria dos principais cientistas americanos, incluindo os astrónomos do Monte Wilson, foi rapidamente recrutada para desempenhar funções militares. O próprio Edwin Hubble foi para Maryland, no Verão de 1942, onde trabalhou em balística. Mas não se podia confiar num estrangeiro inimigo para esse tipo de trabalho. Muito pelo contrário. Após o ataque a Pearl Harbor, toda a costa ocidental dos Estados Unidos parecia vulnerável, e Los Angeles era considerada um alvo potencial e possível zona de guerra. Tal como os outros poucos estrangeiros inimigos autorizados a permanecer na zona, Walter Baade era obrigado a ficar em casa à noite e, durante o dia, só podia deslocar-se numa área de poucos quilómetros. Mas, alguns meses depois, à medida que se afastava a probabilidade de um ataque por mar a Los Angeles e que se entrava numa rotina de tempo de guerra, as autoridades reconsideraram aquelas restrições. O facto de Walter Baade ter iniciado o processo para se candidatar à cidadania americana em 1939 (ainda que tivesse perdido os documentos) foi considerado um sinal de boa-fé, e autorizaram-no a regressar à noite ao observatório do Monte Wilson.

Walter Baade deve ter pensado que estava no paraíso da astronomia. Podia utilizar o telescópio de 100 polegadas quase sempre que queria, mas isso era apenas parte da história.

Ilustração 11. O reflector de 200 polegadas no Observatório Palomar do Instituto de Tecnologia da Califórnia. Foi dedicado à memória de George Ellery Hale, cuja liderança e visão conduziram à sua criação. (Royal Astronomical Society)

Além disso, estava agora disponível um novo tipo de chapa fotográfica, mais sensível do que todas as que se usavam antes, e, como bónus, as luzes da cidade vizinha mantinham-se desligadas por causa da guerra. Como resultado, conseguiu fotografar estrelas menos brilhantes do que qualquer corpo celeste anteriormente fotografado a partir da Terra. E isto conduziu a uma descoberta impressionante.

Descobriu que há dois tipos de estrelas – aos quais chamou duas «populações». Em 1944, Walter Baade anunciou que as estrelas como o Sol encontram-se nos braços em espiral e no disco de uma galáxia como a Via Láctea ou a Galáxia Andrómeda, e designou-as por População I. As estrelas da População I costumam ser quentes, relativamente jovens e contêm muitos elementos interessantes, como carbono ou oxigénio, revelados pelos seus espectros. A parte central de uma galáxia como a Via Láctea ou a Galáxia Andrómeda é composta por um grande número de estrelas mais velhas e mais vermelhas que contêm pouco mais do que hidrogénio e hélio. Chamam-se População II. As estrelas da População II também formam os aglomerados globulares que rodeiam toda a galáxia.

Os dois tipos de estrelas explicam-se pelo facto de as estrelas da População II terem surgido mais cedo e serem compostas pela matéria original de que era feita a galáxia, e a População I ter surgido mais tarde, composta por matéria que foi parcialmente transformada no interior das primeiras estrelas e depois lançada para o espaço em explosões estelares (novas e explosões estelares ainda maiores chamadas supernovas). Mais importante ainda foi o facto de Walter Baade também ter descoberto a existência de duas classes diferentes de estrelas variáveis do tipo das Cefeidas, uma para cada população. As Cefeidas originais passaram a ser conhecidas por Cefeidas clássicas, e são todas estrelas da População I, mas há outra família na População II. Estas são agora designadas por estrelas W Virgem e são menos brilhantes do que as Cefeidas clássicas. Todas as medições de distâncias relativamente às galáxias em espiral baseavam-se no primeiro passo fundamental dado por Hubble no Inverno de 1923/4, ao medir a distância até à Galáxia Andrómeda utilizando Cefeidas. Mas, e se nem todas as estrelas que Hale utilizou na sua medição fossem Cefeidas, mas antes uma mistura de Cefeidas e estrelas W Virgem?

A única maneira de saber consistia em identificar outro tipo de estrela na Galáxia Andrómeda. Walter Baade sabia exactamente que estrelas procurar. Chamam-se estrelas RR Lira e são indicadores de distância extremamente bons porque, embora variem de modo regular como as Cefeidas, possuem todas quase o mesmo brilho intrínseco. Mas são muito menos brilhantes do que as Cefeidas (ou até do que as estrelas W Virgem), e Baade só esperava que pudessem ser detectáveis na Galáxia Andrómeda utilizando o novo telescópio Hale de 200 polegadas.

Tratava-se de um projecto demorado e, entretanto, Walter Baade fez outras coisas. O telescópio de 200 polegadas só ficou operacional em 1948 e desde logo começaram a chover pedidos dos astrónomos regressados da guerra e de uma nova geração de observadores. Walter Baade conseguiu reservar a sua porção de tempo no telescópio a que chamavam «Big Eye»; mas, mesmo levando o telescópio aos limites, não conseguiu identificar estrelas RR Lira na Galáxia Andrómeda. Conferiu e voltou a conferir as suas observações, mas foi obrigado a concluir que a Galáxia Andrómeda estava tão longe que era impossível detectar aí estrelas RR Lira, mesmo com o telescópio de 200 polegadas. A que distância estariam? Havia uma boa pista. No decurso do seu trabalho com o telescópio de 100 polegadas, Walter Baade confirmara a existência de uma relação entre as estrelas mais brilhantes da População II e as estrelas RR Lira. Em aglomerados globulares na nossa galáxia, todas as estrelas mais brilhantes da População II (conhecidas por gigantes vermelhas) têm quase a mesma luminosidade (o que faz sentido, uma vez que deve haver algum limite para o brilho de uma estrela), e essa luminosidade pode ser comparada com o brilho médio das estrelas RR Lira. Com o telescópio de 200 polegadas, Baade podia detectar as gigantes vermelhas equivalentes na Galáxia Andrómeda. Portanto, sabia que as estrelas RR Lira que não podia ver eram menos brilhantes do que aquelas estrelas, e sabia a que distância se deviam encontrar para serem tão indistintas por comparação com as estrelas RR Lira na nossa galáxia. A distância era duas vezes maior do que aquela que Hubble calculara nos anos 20 – de facto, Hubble fora enganado por causa de uma confusão entre Cefeidas clássicas e estrelas W Virgem.

A descoberta foi anunciada numa conferência em Roma, em 1952, mais de 25 anos depois de Edwin Hubble ter medido pela primeira vez a distância relativamente à Galáxia Andrómeda. Significava que a Constante de Hubble tinha de ser reduzida a metade (para cerca de 250), e a escala de distância do Universo tinha de ser duplicada – qualquer distância galáctica medida antes de 1952 tinha de ser multiplicada por dois. Como afirmaram os títulos dos jornais desse dia, o «tamanho do Universo» conhecido duplicara durante a noite.

Mas este foi apenas um primeiro passo. Tudo o que fora definido como certo era a distância relativamente à Galáxia Andrómeda, pouco mais de dois milhões de anos-luz. A Galáxia Andrómeda está demasiado próxima para ser utilizada para calcular directamente a Lei de Hubble – tão próxima que se move na nossa direcção, e não na oposta. O telescópio que podia medir correctamente a escala de distância estava finalmente concluído e em funcionamento, e provara o seu valor. Mas, em 1952, Edwin Hubble e Milton Humason estavam na casa dos sessenta, e mesmo Walter Baade tinha 59 anos de idade. Chegara a altura de passar o testemunho a uma nova geração de astrónomos. E o homem que viria a ser o herdeiro científico de Edwin Hubble já se encontrava no Monte Palomar.

8

O herdeiro de Hubble

O homem que continuou a investigação cosmológica no ponto em que Edwin Hubble a deixara foi Allan Sandage, que só nasceu em Junho de 1926, dezoito meses após a divulgação da descoberta das Cefeidas na Galáxia Andrómeda realizada por Hubble. Allan Sandage começou a interessar-se pela astronomia aos nove anos de idade, quando olhou para as estrelas através do telescópio de um amigo e convenceu o pai a comprar-lhe um igual. Todas as noites, observava as estrelas através do telescópio. O livro de Edwin Hubble, *The Realm of the Nebulae*, foi publicado em 1936 e lido avidamente pelo jovem Sandage dois anos mais tarde. Também leu os livros populares sobre astronomia e teoria da relatividade escritos por Arthur Eddington (incluindo *The Expanding Universe*), e estava ciente de viver uma revolução na nossa compreensão do Universo.

Ansioso por se tornar astrónomo e participar na revolução, Allan Sandage inscreveu-se para estudar física na Universidade de Miami, no Ohio, onde o seu pai era professor. Concluiu dois anos do curso antes de ser recrutado para a Marinha, onde passou dezoito meses como técnico de radar e de equipamento de rádio, e foi desmobilizado em 1946, no final da guerra. Nesta altura, os pais tinham-se mudado para a Universidade de Ilinóis, e Allan foi ter com eles de modo a viver em casa enquanto concluía o curso. Continuava a estudar física, mas ofereceu-se como voluntário para ajudar num programa nacional de contagem de estrelas. Este trabalho envolvia fotografar parte do céu nocturno e depois analisar as chapas fotográficas para medir o brilho das diferentes estrelas.

Desde 1941 que Allan Sandage sonhava trabalhar no Monte Wilson, ano em que o pai (que passou um Verão a leccionar em Berkeley, perto de São Francisco) o levou à montanha para ver o telescópio que Edwin Hubble e Milton Humason tinham utilizado para descobrir a expansão do Universo. Em 1948, quando Allan Sandage concluiu o curso em Ilinóis, quis trabalhar no Monte Wilson, mas não fazia ideia de como arranjar emprego no observatório. Assim, candidatou-se a um doutoramento em física no Caltech(*), em Pasadena, por ser o estabelecimento de ensino mais próximo do Monte Wilson. A candidatura deu os seus frutos. Sem que Sandage soubesse, as autoridades do Caltech tinham decidido criar um novo doutoramento em Astronomia, admitindo apenas cinco estudantes nesse ano, com o objectivo de começar a formar novos observadores e teóricos para dar o melhor uso possível aos telescópios do Monte Wilson e do Monte Palomar e às muitas informações que eles esperavam que os observatórios as montanhas facultassem. A decisão era tão recente que ainda não fora divulgada.

Com a sua experiência como observador, Allan Sandage era um candidato natural ao novo programa de doutoramento; portanto, quando o convidaram para ser um dos cinco estudantes, não hesitou em aceitar.

Chegou ao Caltech para iniciar a formação de astrónomo profissional no ano em que o telescópio de 200 polegadas ficou operacional. Nessa época, Walter Baade era rei das montanhas no que dizia respeito à observação e Edwin Hubble e Milton Humason aproximavam-se do final das suas carreiras.

(*) Nome por que é habitualmente designado o California Institute of Technology (*N. do R.*)

Mas Edwin Hubble ainda estava muito activo na investigação, e a experiência anterior de Allan Sandage em determinar a distância de estrelas fazia dele o candidato óbvio quando Hubble precisou de ajuda para outro dos seus projectos predilectos: contar as galáxias com diferentes brilhos em várias partes do firmamento para ter uma melhor compreensão da geografia do Universo.

Na Primavera de 1949, Allan Sandage foi convocado para uma reunião com Hubble, o que, para ele, deve ter sido extraordinariamente intimidante. O encontro correu bem, e Edwin Hubble deu trabalho a Allan. Na verdade, este trabalho não envolvia a utilização dos grandes telescópios; em vez disso, tratava-se de analisar minuciosamente pilhas de fotografias e assinalar os objectos de interesse. Mas, em Julho, Hubble sofreu um ataque cardíaco e os médicos ordenaram-lhe que parasse as observações pelo menos durante um ano. Embora Allan Sandage não possuísse a perícia nem os conhecimentos para concluir sozinho o projecto, continuava muito interessado em desenvolver as suas capacidades de observação. Por conseguinte, aceitou prontamente a proposta de trabalho que consistia em ajudar Walter Baade num projecto de investigação da natureza dos aglomerados globulares, que era um dos assuntos que ocupavam Walter Baade para lá do seu trabalho sobre a escala de distância. Allan Sandage e um condiscípulo, Halton Arp (habitualmente conhecido por «Chip»), foram ensinados pelo próprio Walter Baade a observar correctamente, utilizando o telescópio de 60 polegadas no Monte Wilson. Há pouco mais de 30 anos, fora o melhor telescópio do mundo; agora, embora ainda fosse utilizado para investigação de ponta, até os estudantes tinham acesso a ele. O sonho de Allan Sandage em ser um grande astrónomo começava a tornar-se realidade.

A sua perícia como observador, aprendendo rapidamente tudo o que Walter Baade lhe podia ensinar, não passou despercebida. No ano seguinte, foi agraciado com a maior honraria. Ainda demasiado doente para regressar ao observatório do Monte Wilson, Edwin Hubble resolveu que precisava de um assistente que fizesse a observação por si. Assim, enviou Allan Sandage para o Monte Palomar, com Milton Humason, para aprender a operar o telescópio de 200 polegadas. Com 24 anos de idade, sem ter ainda concluído formalmente o doutoramento, Allan Sandage tornou-se um dos principais observadores com o Big Eye, agindo como os olhos e as mãos de Edwin Hubble.

Todo este trabalho era realizado a par do projecto que Allan Sandage desenvolvia para o seu doutoramento, que dizia respeito à natureza e evolução das estrelas – o modo como se alteram à medida que envelhecem. Mas, gradualmente, Edwin Hubble começou a regressar ao observatório; por isso, Sandage tinha mais tempo para concluir o seu projecto. Em 1952, quando Allan Sandage estava quase a concluir o seu trabalho e a receber o grau de doutor, ofereceram-lhe um emprego permanente no Monte Wilson. Depois de ter tirado um ano para visitar colegas na Universidade de Princeton e para desenvolver algumas das ideias da sua tese de doutoramento, no Outono de 1953 regressou à Califórnia para assumir as suas funções. Planeava continuar a estudar o modo como funcionam as estrelas, que era o que mais lhe interessava. Mas, em Setembro, pouco depois do seu regresso à Califórnia, soube que Edwin Hubble tinha falecido vítima de um ataque cardíaco.

Depressa se tornou claro que só havia uma pessoa com competência para continuar o programa de Edwin Hubble de observação do Universo. Não era o que Allan Sandage queria fazer – pretendia estudar a evolução estelar. Mas era o que tinha de fazer. Como disse mais tarde ao historiador da ciência Alan Lightman:

> Senti uma tremenda responsabilidade em continuar o trabalho da escala de distância. Hubble começara o projecto, e eu era o observador e conhecia todos os passos do processo que ele tinha traçado. Era claro que, para explorar a descoberta de Walter Baade do erro da escala de

distância, iria levar 15 ou 20 anos, e eu sabia que demoraria todo esse tempo. Portanto, disse para mim mesmo, «é isto que tenho de fazer». Se não fosse eu, o trabalho não seria feito nesse período de tempo. Não havia outro telescópio; só 12 pessoas o utilizavam, e nenhuma delas estava envolvida neste projecto. Por conseguinte, tinha de fazê-lo por uma questão de responsabilidade[2].

Allan Sandage estava destinado à grandeza.

De facto, paralelamente ao seu monumental trabalho na escala de distância, Sandage continuou os seus estudos dos aglomerados globulares e do modo como as estrelas envelhecem. E havia uma vantagem acrescida no facto de ser herdeiro científico de Hubble. Para Allan Sandage, essa vantagem traduzia-se no tempo de utilização dos grandes telescópios atribuído a Hubble, que incluía 35 noites por ano só no telescópio de 200 polegadas. Nada mau para um astrónomo de 24 anos de idade que concluíra o doutoramento há menos de um ano.

Mas estava perante uma tarefa monumental. Edwin Hubble tivera uma boa ideia – tentar identificar objectos brilhantes em nebulosas próximas como a Galáxia Andrómeda e medir os seus brilhos de modo a poder usá-los como «velas padrão». As velas padrão eram medidas por comparação com a distância Cefeida e RR Lira conhecida (agora corrigida) relativamente à Galáxia Andrómeda; depois, o grau de intensidade das velas padrão equivalentes em galáxias mais distantes dizia-nos a que distância se encontravam. O problema era que, embora a ideia de Hubble fosse boa, os seus instrumentos eram inadequados. Nem o telescópio de 100 polegadas tinha potência suficiente para chegar a pontos tão distantes no Universo de modo a calcular correctamente a constante de Hubble. Allan Sanda-

---

[2] Alan Lightman e Roberta Brawer, *Origins: The Lives and Worlds of Modern Cosmologists*, Cambridge, MA, Harvard University Press, 1990,

ge teve de passar anos a trabalhar com o telescópio de 200 polegadas só a reunir dados – fotografando galáxias e tirando espectros – antes de possuir informação suficiente para formar um quadro coerente.

A investigação da escala de distância cósmica tornava-se cada vez mais difícil à medida que os astrónomos olhavam para pontos mais distantes no Universo. Para lá do ponto em que as Cefeidas deixavam de ser vistas, Edwin Hubble utilizava como velas padrão aquilo que ele pensava serem estrelas brilhantes. Mas, em pontos mais distantes, até um aglomerado globular tinha de ser visto como uma vela individual. E, no limite daquilo que podia perscrutar com o telescópio de 100 polegadas, Hubble fez a vaga suposição segundo a qual se considerarmos apenas galáxias semelhantes, todas as galáxias podem ter mais ou menos o mesmo brilho, portanto, o grau de intensidade geral das galáxias pode estar relacionado com a distância.

Com a prova fornecida pelo telescópio de 200 polegadas, Allan Sandage descobriu que muitos desses passos para zonas distantes do Universo eram imperfeitos. Por exemplo, na nossa galáxia, há enormes nuvens de gás quente, com várias estrelas dentro delas, conhecidas como regiões HII. O telescópio de 200 polegadas revelou que aquilo que Edwin Hubble pensava ser estrelas brilhantes em algumas galáxias, eram, na verdade, regiões HII. E como as regiões HII são muito mais brilhantes do que as estrelas, as galáxias que as contêm devem estar muito mais longe do que Hubble calculara.

O primeiro contributo directo de Allan Sandage para a revisão da escala de distância foi feito graças a uma colaboração com Milton Humason. Começou menos de um ano depois de Sandage ter tomado conta do programa de Edwin Hubble. Milton Humason e um jovem astrónomo chamado Nick Mayall forneceram a Sandage dados baseados em medições de desvios espectrais vermelhos e brilhos de 850 galáxias, realizadas durante os últimos vinte anos. A pessoa que deveria analisar os dados e interpretar as suas implicações era Edwin

Hubble, mas, na sua ausência, foi Allan Sandage quem assumiu essa tarefa. O estudo resultante desta colaboração foi publicado em 1956 e era assinado por Humason, Mayall e Sandage. Mostrava que a Lei de Hubble – a velocidade de recessão é proporcional à distância – ainda se aplicava a desvios espectrais vermelhos correspondentes a velocidades de 100 000 quilómetros por segundo, um terço da velocidade da luz. E no seu primeiro grande contributo para o debate da escala de distância, Allan Sandage declarou nesse estudo que as distâncias relativamente a todas as galáxias eram três vezes maiores do que Edwin Hubble pensara. Isto significava que a Constante de Hubble não era superior a 180.

Mas até isso foi apenas um primeiro passo. Quase todas as correcções aplicadas à escala de distância de Hubble diminuíam o valor de H, o que significa que o «tamanho do Universo» se tornava maior. O brilho dos corpos celestes fora sempre subestimado. Por um lado, tratava-se de um problema prático, causado pela poeira na Via Láctea e nas galáxias distantes que bloqueia parte da luz, e foi preciso muito tempo para que este problema fosse resolvido; por outro, era um problema psicológico – os astrónomos não percebiam o quão brilhantes podiam ser algumas das coisas que estavam a fotografar. Era difícil conformarem-se à ideia. Era natural pensar que um ponto de luz brilhante na fotografia de uma galáxia distante fosse apenas uma estrela, e não toda uma região HII ainda mais longínqua.

A maneira de resolver a maioria desses problemas consiste em utilizar estatística – estudar grande número de galáxias, todas elas aproximadamente à mesma distância de nós. Isto significa estudar, pelo menos, um grande aglomerado de galáxias. Portanto, um dos passos fundamentais para a determinação da escala de distância envolvia um aglomerado de galáxias que se encontra na direcção da constelação Virgo, mas cerca de 65 milhões de anos-luz para lá dela, designado por Aglomerado Virgo. Há mais de 2500 galáxias no Aglomerado Virgo, de todas as formas e tamanhos e repletas de coisas como aglomerados globulares e regiões HII. Quando se conhece a distância relativamente ao Aglomerado Virgo, é relativamente fácil medir distâncias até objectos similares em galáxias mais distantes e aglomerados de galáxias comparando os seus brilhos com o brilho de objectos equivalentes no Aglomerado Virgo.

No início dos anos 60, Allan Sandage reuniu todas as provas e fez a sua melhor estimativa do valor da Constante de Hubble. Devido a todas as incertezas envolvidas, afirmou que a sua resposta poderia estar errada por um ou dois factores – poderia ser um valor de H duas vezes maior, ou duas vezes menor. Mas a sua melhor estimativa era 75. O valor podia ser 37,5 (metade de 75) ou podia chegar a 150 (o dobro de 75). Mas 75 parecia ser a resposta mais razoável.

Tratava-se de um valor tão inferior ao valor original de Hubble ou até ao valor revisto de Walter Baade, que muitos astrónomos tinham dificuldade em aceitá-lo. A situação era confusa porque outros investigadores, que não tinham acesso ao telescópio de 200 polegadas, também possuíam bons telescópios e tecnologia aperfeiçoada que os ajudavam a fazer algumas das correcções à escala de distância estabelecida por Allan Sandage. Mas mais ninguém tinha o equipamento para fazer todas as correcções. Como quase todas as correcções diminuíam o valor de H, aqueles que sabiam apenas parte da história forneciam vários valores desde 125 até 227, e se considerarmos a média de todos estes valores, parecia que Allan Sandage estava sozinho contra todos.

Mas a ciência não é democrática. Não se pode descobrir a verdade acerca do Universo através de uma votação. É necessário utilizar o melhor equipamento para fazer as melhores observações, e é preciso ser excelente a compreender e interpretar os dados. Gradualmente, o mundo astronómico percebeu que Allan Sandage era o único que estava no bom caminho. Nos anos 70, a maioria dos astrónomos concordava que o valor de H se encontrava algures entre 50 e 100, o que era mais ou menos o que Sandage lhes dizia há anos. Mas a investigação sobre a escala de distância do Universo e sobre a compreensão dos limites da nossa capacidade de observação ainda não tinha terminado.

9

Através do Universo

Nos anos 70, as coisas complicaram-se um pouco por causa de uma discussão fútil acerca do valor exacto de H. Embora quase toda a gente concordasse que aquele valor deveria situar-se entre 50 e 100, alguns astrónomos queriam acreditar que as suas próprias observações, e as suas próprias formas de interpretar os dados, eram melhores do que as dos outros. Em vez de se mostrarem escrupulosamente honestos, como o fora Allan Sandage no início dos anos 60, e admitir que as incertezas não lhes permitiam determinar de modo mais rigoroso o valor de H, atinham-se firmemente às suas opiniões dogmáticas. De um lado, um pequeno grupo de pessoas afirmava que o valor de H deve ser muito próximo de 100, talvez entre 90 e 100, enquanto, no lado oposto, vários astrónomos defendiam que o valor de H não podia ser superior a 75 e que podia até ser 50. Allan Sandage preferia o valor mais baixo de H, e continuou a trabalhar no problema, frequentemente com o seu colega suíço Gustav Tammann. O valor elevado de H era defendido pelo astrónomo francês Gerard de Vaucouleurs, que basicamente afirmava que Allan Sandage e os seus colegas tinham feito demasiadas correcções à escala de distância.

Esta discussão prolongou-se por cerca de vinte anos. No final, a questão foi resolvida da única maneira possível, ou seja, através de novas observações realizadas com um telescópio que podia captar Cefeidas em galáxias tão distantes como o

Aglomerado Virgo. O telescópio utilizado foi o apropriadamente baptizado Telescópio Espacial Hubble (TEH), lançado em 1990, mas só completamente operacional após ter sofrido reparações em 1993. O telescópio Hale só foi superado pelo TEH 45 anos depois ter ficado operacional, sinal de quão avançado relativamente ao seu tempo Ellery Hale estava ao desenvolver o projecto do telescópio de 200 polegadas. O facto de o principal espelho do TEH ser muito mais pequeno do que o espelho principal do venerável telescópio Hooker de 100 polegadas do Monte Wilson (embora, na realidade, o TEH beneficie de sistemas electrónicos de imagem que Ellery Hale e Edwin Hubble nunca poderiam imaginar) é um sinal da vantagem em pôr um telescópio em órbita. Outro indicador do rápido desenvolvimento tecnológico dos anos 90 consiste no facto de, no início do século XXI, já haver telescópios baseados na Terra que conseguem captar melhores imagens dos confins do espaço que o TEH – mas isso é outra história.

Finalmente, na segunda metade dos anos 90, o TEH realizou o sonho dos astrónomos ao determinar o valor de H com um rigor de 10 por cento. A chave para esta realização foi a capacidade de captar estrelas Cefeidas num pequeno número de galáxias tão distantes quanto o aglomerado Virgo, e de utilizar a medição Cefeida adequada para determinar as distâncias relativamente a essas galáxias. Ainda assim, nem tudo era um mar de rosas. Mesmo o TEH só podia medir distâncias Cefeida relativamente a cerca de duas dúzias de galáxias. E ainda havia problemas como os causados pelo movimento de galáxias pelo espaço no interior de um aglomerado. Tanto as distâncias como os desvios espectrais vermelhos podiam ser medidos, mas era difícil saber que quantidade do desvio espectral vermelho era cosmológica e que quantidade era um efeito Doppler.

Uma maneira de contornar este problema reside na abordagem estatística, no seguimento do trabalho pioneiro de Edwin Hubble e continuado por Allan Sandage. Outra forma de abordar o problema usava as supernovas como velas padrão. A chave desta abordagem consiste em detectar superno-

Ilustração 12. Representação artística do Telescópio Espacial Hubble. Lançado em Abril de 1990, orbita a cerca de 604 quilómetros acima da superfície terrestre. A energia para os instrumentos é fornecida pelos dois grandes painéis solares que ladeiam o cilindro do telescópio. (NASA/ Science Photo Library)

vas em galáxias onde também se pode ver Cefeidas, de modo a saber-se a verdadeira distância relativamente à galáxia. Como uma família específica de supernovas apresenta o mesmo brilho máximo, e como as supernovas são tão brilhantes que podem ser observadas em pontos distantes do Universo, esta técnica é particularmente eficiente para determinar distâncias relativamente a galáxias remotas comparando o brilho de uma supernova na galáxia distante com o brilho de uma supernova numa galáxia próxima.

Existe outra forma de abordar o problema que também envolve as distâncias Cefeida medidas pelo TEH, mas que só funciona para galáxias relativamente próximas.

Arthur Eddington afirmava que a Via Láctea é como «um continente entre ilhas». No entanto, à medida que os telescópios perscrutavam zonas do Universo cada vez mais distantes, os astrónomos não encontraram qualquer vestígio de outro «continente» rodeado de ilhas semelhante à Via Láctea, que parecia ser uma galáxia supergigante quando Edwin Hubble mediu pela primeira vez o valor da sua famosa constante. De facto, vêem aglomerados de galáxias, como o Aglomerado Virgo, que contêm centenas ou milhares de galáxias. Mas, nesses aglomerados, todas as galáxias parecem ter mais ou menos o mesmo tamanho. A não ser que a nossa galáxia seja realmente única – a maior galáxia em todo o Universo –, o valor de H deve ser muito inferior ao que Edwin Hubble originalmente pensara; e podemos dizer isto sem sabermos nada acerca de Cefeidas, supernovas ou regiões HII.

Há outra galáxia em espiral cuja distância os astrónomos conhecem de forma bastante rigorosa desde 1952 – a Galáxia Andrómeda. Como conhecem a distância a que se encontra, também sabem qual é o seu tamanho real, pelo tamanho que aparenta ter no firmamento. A Galáxia Andrómeda é ligeiramente maior do que a Via Láctea. Por conseguinte, actualmente a observação de Arthur Eddington teria de ser adaptada para afirmar que, se a Constante de Hubble for grande, então só há dois continentes no Universo e, por acaso, são vizinhos um do outro. De facto, isto não parece muito provável. Como observou o astrónomo Gustav Tammann, «se H for maior do que 70, temos de admitir que os diâmetros da nossa galáxia e da nossa vizinha M31 [outra designação para a Galáxia Andrómeda] são maiores do que o diâmetro de qualquer galáxia em espiral no Aglomerado Virgo([3]).

Mas não é isto que sucede. As medições do TEH de distâncias Cefeida relativamente a outras galáxias em espiral começaram a surgir gradualmente no início dos anos 90, até

([3]) TAMMANN, Gustav, comunicação particular a John Gribbin.

que, em meados da década, o tamanho da Via Láctea pôde ser comparado não só com a Galáxia Andrómeda, mas também com 17 galáxias em espiral muito semelhantes à Via Láctea e à Galáxia Andrómeda. Afinal, o diâmetro da Via Láctea é realmente um pouco menor do que o diâmetro médio de todas aquelas galáxias (18, incluindo a Via Láctea). A Galáxia Andrómeda é maior do que a média, mas não é a maior galáxia das 18. Portanto, Eddington tinha razão, e a Via Láctea é apenas uma galáxia em espiral de tamanho médio.

Quanto maior é uma galáxia, mais longe tem de estar para se mostrar tão pequena no firmamento. Há milhares de galáxias em espiral suficientemente próximas de nós para serem medidas desta forma, todas elas com desvios espectrais vermelhos conhecidos. Podemos imaginá-las a aparecer e a desaparecer, mudando o seu aspecto no céu. Quando um astrónomo sabe qual o desvio espectral vermelho, a distância relativamente a cada galáxia depende apenas da Constante de Hubble. Portanto, alterar o valor de H utilizado no cálculo é equivalente a fazer aparecer e desaparecer todas as galáxias juntas. Se, no cálculo, o valor de H fosse duplicado, reduziria para metade a distância calculada relativamente a cada galáxia, e assim por diante. Só existe um valor de H que coloca todas aqueles milhares de galáxias nas distâncias certas relativamente a nós para que as suas dimensões confiram com o tamanho da Via Láctea e da Galáxia Andrómeda. Isto significa que apenas para esse valor de H, quando os astrónomos determinam as dimensões verdadeiras e definem a média de todas elas, o resultado que obtêm é igual à média das 17 galáxias vizinhas mais a Via Láctea. Alguns astrónomos que trabalham nas universidades de Sussex e Glasgow descobriram que este valor de H é 66, com uma incerteza de cerca 10 por cento (portanto, o valor de H pode ser 60 ou chegar a 72, que se escreve 66±6). A incerteza decorre de alguns problemas como o de tentar perceber quanto do desvio espectral vermelho é cosmológico e quanto é um efeito Doppler.

Esta forma de medir o valor de H não seria totalmente convincente por si só, porque mesmo todas aqueles milhares de galáxias apresentam desvios espectrais vermelhos correspondentes a velocidades de recessão inferiores a 20 000 quilómetros por segundo. Mas os astrónomos que trabalham com o TEH, num enorme programa de investigação chamado «HST [TEH] Key Project», utilizaram as novas distâncias Cefeida que tinham medido, relativamente a galáxias para lá do Aglomerado Virgo, para voltar a calibrar todos os outros indicadores de distância utilizados pelos cosmólogos. Entre estes, incluem-se as supernovas que podem ser vistas em pontos muito distantes do Universo. No final dos anos 90, tinham determinado distâncias Cefeida rigorosas relativamente a 27 galáxias, e, reunindo todos os dados, calcularam que o valor de H é 71±6. Podia ser um mínimo de 65, ou podia ter um máximo de 77. Mas, se juntarmos as duas demonstrações, um valor de H entre 65 e 72 também seria ajustado.

E assim termina uma demanda iniciada em 1929, quando Edwin Hubble descobriu que há uma relação entre o desvio espectral vermelho e a distância. Foram necessários exactamente 70 anos para que esta relação fosse determinada de modo rigoroso; por conseguinte, hoje conhecemos a distância relativamente a qualquer galáxia cujo desvio espectral vermelho tenha sido medido. Quando se converte estes desvios espectrais vermelhos em distâncias, utilizando um valor de H de cerca de 68, os objectos mais distantes fotografados pelos nossos telescópios – galáxias superbrilhantes chamadas quasares – surgem a mais de 10 mil milhões de anos-luz de distância. A luz que vemos dos quasares iniciou a sua viagem até nós há mais de 10 mil milhões de anos – ainda antes do nascimento do Sol e da Terra.

Conclusão

O mais longe que se pode observar a olho nu, com alguma sorte, é a Galáxia Andrómeda, uma mancha de luz indistinta no firmamento que, na verdade, é uma galáxia como a nossa Via Láctea, aproximadamente a dois milhões de anos-luz de distância. A maior distância que podemos alcançar com os nossos melhores telescópios é 10 mil milhões de anos-luz, ou seja, 5000 vezes mais longe do que a Galáxia Andrómeda. Edwin Hubble nunca soube o que estava a começar quando, pela primeira vez, identificou Cefeidas na «nebulosa» na constelação Andrómeda e provou que a Via Láctea não constituía a totalidade do Universo.

Mas Hubble e os seus sucessores fizeram mais do que isso. A segunda metade do século XX assistiu à conclusão da revolução copernicana – não só a parte física desta revolução, ainda que esta seja importante, mas também a sua parte conceptual, o facto de a humanidade deixar de ser o centro do Universo. Mesmo na época de Hubble, embora fosse claro que não estávamos fisicamente no centro do Universo, ainda se pensava que a Via Láctea fosse uma galáxia invulgarmente grande e que poderia haver algo de especial em relação ao Sol e à sua família de planetas. Actualmente, sabemos que a Via Láctea é uma galáxia de tipo médio e que o Sol é uma estrela normal. No final do século XX, os astrónomos começaram a descobrir planetas que orbitam outras estrelas; portanto, já nem sequer é lógico afirmar que são raros os sistemas planetários como o Sistema Solar, ou que a própria Terra é o único planeta com água corrente, nuvens e céus azuis. Vivemos num planeta vulgar que orbita em redor de uma estrela vulgar nas margens comuns de uma galáxia vulgar num vasto universo (possivelmente infinito).

No entanto, isto não é o fim da história. A palavra mais importante da frase anterior é «vivemos». Actualmente, a grande questão que a astronomia enfrenta consiste em saber se a vida e, em particular, a vida inteligente, é rara no Universo. Na primeira década do século XXI, a cooperação entre biólogos e astrónomos formou a nova ciência da astrobiologia, e começou-se a construir telescópios e a realizar as experiências que poderão responder a essa questão – talvez a mais profunda questão que se possa formular – provavelmente ainda durante o tempo de vida de muitos dos leitores deste livro. O que contámos aqui foi a história do esforço da humanidade para compreender o nosso lugar no Universo. Mas, como disse Winston Churchil noutro contexto, «Isto não é o fim. Nem sequer é o princípio do fim. Mas é, talvez, o fim do princípio».

Bibliografia adicional

CHRISTIANSON, *Gale, Edwin Hubble: Mariner of the Nebulae*, Nova Iorque, Farrar, Straus & Giroux, 1995.

CLARK, Stuart, *Towards the Edge of the Universe: A Review of Modern Cosmology*, Londres, Wiley, 1997.

FERGUSON, Kitty, *Measuring the Universe: The Historical Quest to Quantify Space*, Londres, Headline, 1999.

FERRIS, Timothy, *The Red Limit: The Search for the Edge of the Universe*, Nova Iorque, Quill, 1983.

GRIBBIN, John, *In Search of the Big Bang: The Life and Death of the Universe*, Londres, Penguin, 1998.

— *The Birth of Time: How We Measured the Age of the Universe*, Londres, Weidenfeld & Nicolson, 1999.

HARRISON, Edward, *Cosmology: The Science of the Universe*, Cambridge, Cambridge University Press, 1987.

KAUFMANN, William, *Stars and Nebulae*, Nova Iorque, W.H. Freeman, 1978.

LIGHTMAN, Alan, e BRAWER, Roberta, *Origins: The Lives and Worlds of Modern Cosmologists*, Cambridge, MA, Harvard University Press, 1990.

LONGAIR, Malcolm, *Our Evolving Universe*, Cambridge, Cambridge University Press, 1996.

OVERBYE, Dennis, *Lonely Hearts of the Cosmos: The Scientific Quest for the Secret of the Universe*, Nova Iorque, Harper Collins, 1991.

ROWAN-ROBINSON, Michael, *The Cosmological Distance Ladder*, São Francisco, Freeman, 1985.

Cronologia de datas astronómicas importantes

1543 Nicolau Copérnico publica provas de que a Terra gira em torno do Sol.

Séc. XVI Leonard Digges desenvolve o primeiro telescópio reflector e, mais tarde, constrói o primeiro telescópio refractor.

1609 Galileu Galilei constrói o seu primeiro telescópio refractor.

1668 Isaac Newton reinventa o telescópio reflector.

1671 Equipas francesas determinam que a distância até ao Sol é de 140 milhões de km (apenas cerca de 10 por cento inferior à melhor estimativa moderna).

1783 John Mitchell prevê a existência de buracos negros.

1796 Pierre Laplace levanta a hipótese da formação do Sistema Solar a partir de uma nebulosa rodopiante de gás e poeira.

1840 J. W. Draper inventa a fotografia astronómica e fotografa a Lua.

1842 Doppler realiza experiências que confirmam o «Efeito Doppler».

1850 William Bond obtém a primeira imagem fotográfica de uma estrela.

1872 Henry Draper inventa a fotografia espectral astronómica.

1889 William Pickering, professor de Harvard, e Alvan Clark, construtor de telescópios, assinalam o monte Wilson como local excelente para se construir um telescópio astronómico.

1892 George Ellery Hale conclui o primeiro espectreliógrafo (que permite que o Sol seja fotografado com a luz de um único elemento).

1897 Clark conclui o telescópio refractor de 40 polegadas do Observatório Yerkes (Williams Bay, Wiscosin, EUA).

1903 Hale visita o monte Wilson pela primeira vez e decide construir aí o seu observatório.

1904 Início da construção do Observatório do Monte Wilson; Johannes Hartmann descobre a matéria interestelar.

1905 O Observatório do Monte Wilson é concluído; Albert Einstein publica a sua Teoria Especial da Relatividade.

1916 Albert Einstein publica a sua Teoria Geral da Relatividade.

1916 Karl Schwarzschild apresenta uma descrição matemática dos buracos negros no contexto da Teoria Geral da Relatividade.

1917 O telescópio reflector Hooker de 100 polegadas do Monte Wilson começa a funcionar (o maior telescópio do mundo durante 31 anos); os estudos de Vesto Slipher sobre desvios espectrais vermelhos mostram que a maioria das galáxias está a afastar-se de nós.

1918 Harlow Shapley descobre a dimensão e a forma da Via Láctea.

1919 Hale começa a trabalhar no telescópio Hooker de 100 polegadas do Monte Wilson; Eddington observa o eclipse solar total na ilha do Príncipe e prova a previsão da relatividade de Einstein segundo a qual a luz se curva em redor de uma estrela maciça.

1920 Arthur Eddington propõe que a energia do Sol resulta da fusão do hidrogénio em hélio.

1923 Hubble mostra que as «nebulosas» em espiral são, na realidade, galáxias distantes.

1924 Edwin Hubble prova que as galáxias são sistemas exteriores e independentes da Via Láctea.

1929 Hubble publica um artigo que estabelece a relação entre desvio espectral vermelho e distância.

1931 Lemaître publica um artigo onde afirma que o Universo está em expansão, e desenvolve a primeira teoria da origem do Universo com base no *Big Bang*; Hubble e Milton Humason propõem o valor de 558 para a Constante de Hubble.

1948 O telescópio Hale de 200 polegadas é instalado em Palomar.

1961 O russo Yuri Gagarin torna-se o primeiro homem no espaço.

1969 Neil Armstrong e Buzz Aldrin pousam na Lua.

1988 É registada a estrela mais distante alguma vez vista – uma supernova a mais de 5 mil milhões de anos-luz de distância.

1990 O Telescópio Espacial Hubble é lançado em órbita.

1992 O satélite COBE capta ondas sonoras do *Big Bang*.

1993 O Telescópio Espacial Hubble fica operacional.

1994 O Telescópio Espacial Hubble encontra vestígios de um buraco negro no centro da galáxia M87.

1998 Observações de supernovas sugerem que o Universo se expande a uma velocidade cada vez maior.

1999 Cientistas medem o valor exacto da Constante de Hubble.

Glossário de termos astronómicos

Acelerador de partículas

Máquina que utiliza campos eléctricos e magnéticos para acelerar a alta velocidade feixes de partículas subatómicas, como as *partículas alfa. Quando as partículas se aproximam da velocidade da luz, a sua massa aumenta imenso, aumentando também em muito a energia libertada no impacto. As partículas podem colidir contra um alvo fixo ou contra outro feixe de partículas que se desloca na direcção oposta. O comportamento das partículas exóticas produzidas pela explosão é analisado por um «detector de partículas». Ver também *CERN.

Aglomerado

Grupo de estrelas que se formam a partir da mesma nuvem de gás interestelar e que se movem juntas pelo espaço, unidas pela sua gravidade mútua. Todas têm aproximadamente a mesma idade e composição química inicial. Há dois tipos de aglomerados: aberto (ou galáctico) e globular (quase esférico).

Aglomerado globular

Grupo aproximadamente esférico de 10 000 a um milhão de estrelas que orbita o centro de uma galáxia. Com um diâmetro habitual de cerca de 75 anos-luz, estes aglomerados são muito antigos, apresentam baixas concentrações de elementos pesados e encontram-se no «halo galáctico». Na Via Láctea, conhecem-se cerca de 250 aglomerados globulares.

Aglomerado Virgo
Grupo de cerca de 2500 *galáxias que se encontra para além da constelação Virgo.

Astrofísica
Ramo da astronomia que investiga o aspecto e a constituição física (ou seja, física e química) das estrelas e de outros corpos celestes.

Big Bang, modelo do
Popularizado, pela primeira vez, nos anos 30 por Georges Lemaître e admitido por muitos, este modelo da evolução do Universo defende que ele teve origem num acontecimento designado «Big Bang» há cerca de 15 mil milhões de anos.

Brilho
Quando se faz referência ao brilho de uma estrela, utilizam-se dois termos para evitar a confusão. O brilho aparente é a medida da quantidade de luz proveniente de um corpo celeste que chega a um observador na Terra. É o brilho que se vê de um objecto tal como se apresenta naturalmente no céu nocturno. O brilho intrínseco ou absoluto, por outro lado, é a medida da luminosidade de uma estrela na sua origem, e refere-se à razão a que é emitida a energia radiante. Por exemplo, o brilho aparente de uma estrela *Cefeida varia à medida que pulsa durante o seu ciclo, mas o brilho intrínseco é uma constante que pode ser determinada pela medição do seu *período.

Cefeida
Membro de uma família de estrelas *variáveis pulsáteis cujo *brilho varia de modo cíclico. As Cefeidas caracterizam-

-se por um rápido aumento de luminosidade seguido de um lento declínio, clareando e escurecendo em *períodos regulares de 1 a 50 dias. O período de pulsação está directamente relacionado com o brilho intrínseco (luminosidade) da Cefeida – estrelas mais brilhantes têm períodos mais longos –, tornando-as instrumentos extremamente úteis para calcular distâncias cósmicas. Ver também *Cefeidas clássicas, *RR Lira, *W Virgem.

Cefeida, escala de distância
Padrão para medir distâncias astronómicas, utilizando a relação quase directa entre o *período e a luminosidade das estrelas *Cefeidas. Ver também *Vela padrão.

Cefeidas clássicas
As *Cefeidas originais identificadas por Leavitt. Estas estrelas *variáveis têm uma relação período-luminosidade certa, e são agora classificadas como estrelas da *População I. Também conhecidas como «Cefeidas de Tipo I». Ver também *RR Lira, *W Virgem.

CERN
Centro Europeu de Investigação Nuclear. Fundado em 1954 com 12 signatários, o número de estados-membros aumentou agora para 20. É o maior centro de física de partículas do mundo, com 10 *aceleradores de partículas – os maiores dos quais são o Large Electron Positron (LEP) e o Super Proton Synchrotron (SPS). A missão do CERN consiste em explorar a constituição da matéria e as forças que a mantêm unida. Ver também *Partículas alfa.

Constante de Hubble
Originalmente designada por «K» («Key constant»), mas agora denotada como «H_0» (pronuncia-se H-nada) ou simplesmente «H», é o número na *Lei de Hubble pelo qual a medição do desvio espectral vermelho é dividida para se saber

a distância entre uma *galáxia e o observador. Expressa a razão a que o Universo se expande com o tempo relacionando a aparente *velocidade de recessão de uma galáxia com a sua distância relativamente à *Via Láctea. Calculada pela primeira vez nos anos 30 em 558 quilómetros por segundo por megaparsec, foi agora medida de modo mais rigoroso e pensa-se que deve estar entre 65 e 72.

Desvio espectral azul (blueshift)

Os elementos atómicos presentes num corpo estelar criam linhas características no seu espectro de luz. Quando o objecto se move na direcção do observador, as ondas de luz emitidas pelo corpo são comprimidas em comprimentos de onda mais curtos, e as linhas espectrais desviam-se para a extremidade azul do espectro. O grau do desvio espectral azul de um objecto astronómico é uma indicação da velocidade a que o objecto se aproxima do observador: quanto maior for a velocidade do objecto, maior é o seu desvio espectral azul. Ver também *Efeito Doppler, *Desvio espectral vermelho.

Desvio espectral vermelho (redshift)

Os elementos atómicos de um corpo estelar produzem linhas características no seu espectro de luz. Quando um corpo irradiante se afasta do observador, as ondas emitidas ficam «esticadas», o comprimento de onda aumenta e as linhas espectrais desviam-se para a extremidade vermelha do espectro. O desvio espectral vermelho é utilizado para calcular a *velocidade de recessão de um objecto: quanto maior for o desvio espectral vermelho de um objecto, maior é a sua velocidade. Utilizando a *Lei de Hubble, o desvio espectral vermelho também pode fornecer uma estimativa da distância do objecto. Ver também *Desvio espectral azul, *Efeito Doppler.

Efeito Doppler

Trata-se da aparente alteração da frequência de som (ou de luz, ou outra fonte ondulatória) devida ao movimento relativo da fonte e do observador. Se a fonte e o observador se estiverem a aproximar, a frequência de onda aumenta enquanto o comprimento de onda diminui: o som será mais agudo e a luz mais azul. Se a distância entre fonte e observador estiver a aumentar, a frequência de onda diminui ao mesmo tempo que aumenta o seu comprimento de onda: os sons tornam-se mais graves e a luz mais vermelha. Ver também *Desvio espectral azul, *Desvio espectral vermelho, *Espectógrafo.

Espectógrafo

Aparelho para fotografar o espectro de luz de um objecto indistinto. As chapas obtidas podem apresentar a constituição do objecto e a velocidade a que se move. Diferentes elementos que compõem na estrela produzem padrões particulares de linhas claras e escuras ao longo do espectro e visíveis ao microscópio. A velocidade e a direcção da estrela também desvia todo o espectro emitido, ora para a extremidade azul, se o objecto se mover na nossa direcção (um *desvio espectral azul), ora para a extremidade vermelha, se o objecto estiver a afastar-se de nós (um *desvio espectral vermelho). O valor do desvio diz-nos a velocidade a que o objecto se move, na nossa direcção ou na direcção oposta. Ver também *Efeito Doppler.

Espectroscopia

Utilização de *espectroscópios para estudar e registar diferentes comprimentos de onda de radiação electromagnética.

Espectroscópio

Instrumento científico que divide a luz de uma estrela nas suas cores componentes. Utilizado para identificar os elementos presentes na estrela. Ver também *Espectroscopia.

Estrela variável

Estrela com brilho variável. A variação pode ser regular ou irregular, e pode ser causada por alterações nas condições internas (por exemplo, a pulsação de uma *Cefeida) ou por causas externas (como poeira ou eclipses por outras estrelas). Ver também *Cefeidas clássicas, *Período, *RR Lira, *W Virgem.

Estrelas W Virgem

Subgrupo de *Cefeidas formadas a partir de estrelas da *População II. São muito mais antigas e indistintas do que as *Cefeidas clássicas e surgem em *aglomerados globulares. Antes de estas estrelas serem reconhecidas como diferentes das Cefeidas clássicas, causavam grande confusão na escala de distância Cefeida. Ver também *RR Lira.

Física quântica

A física do muito pequeno. Diz respeito ao comportamento da matéria ao nível subatómico. Os cientistas descobriram que, a esta escala, a matéria não obedece às leis comuns da física. Ao contrário da física de Newton, este ramo da ciência não trata a energia como contínua, mas descobriu que ela se apresenta em pacotes separados e indivisíveis designados por *quanta*. De igual modo, as trocas de energia não são contínuas, ocorrendo antes em fases separadas. Este comportamento associa-se ao conceito de dualidade onda-partícula, que mostra que as partículas elementares se comportam como partículas e como ondas. Ver também *CERN.

Fissão nuclear

Uma reacção na qual o núcleo atómico instável e pesado se divide espontaneamente, ou quando atingido por outra partícula, libertando energia. Também conhecida por «divisão do átomo».

Galáxia

Um sistema de estrelas, gás e poeira unido pela atracção gravitacional. As galáxias podem ser em *espiral, elípticas ou de forma irregular.

Galáxia Andrómeda

Grande galáxia em *espiral a cerca de 2,2 milhões de anos-luz da Terra, também conhecida por «M31» ou «Grande Espiral». Quando observada a olho nu, parece uma indistinta mancha de luz no firmamento. Gravitacionalmente ligada à *Via Láctea, é a maior galáxia do *Grupo Local – cerca de 50 % maior do que a nossa galáxia e que contém pelo menos 300 *aglomerados globulares. Ao contrário de outras galáxias, está actualmente a aproximar-se de nós, em vez de se afastar. Perto dela encontram-se duas galáxias elípticas mais pequenas (M32 e NGC 205).

Galáxia em espiral

Disco plano giratório de matéria com cerca de 100 000 anos-luz de diâmetro, com um denso núcleo central de estrelas antigas e com braços em espiral característicos compostos de poeira, gás e estrelas mais novas. Ver também *Galáxia, *Nebulosa.

Galáxia Via Láctea

Disco de estrelas onde se inclui a nossa *galáxia. É uma galáxia em *espiral que contém cerca de 200 mil milhões de estrelas e que se estende por cerca de 100 000 anos-luz. O Sol e os seus planetas encontram-se a dois terços da extremidade deste disco, que é rodeado por uma estreita auréola de aglomerados de estrelas. A imagem da Via Láctea assemelha-se a uma faixa indistinta no céu nocturno. Ver também *Galáxia Andrómeda, *Grupo Local.

Gigante vermelha

Uma estrela nas últimas fases da sua vida. O diâmetro aumenta e a temperatura da superfície arrefece de tal modo que a estrela fica com uma cor vermelha. Ao mesmo tempo, o núcleo encolhe e aumenta de temperatura, causando a fusão nuclear na superfície à medida que o núcleo se contrai. Estas estrelas podem ser 25 vezes maiores do que o Sol e centenas de vezes mais brilhantes. O próprio Sol tornar-se-á uma gigante vermelha daqui a cerca de 5 mil milhões de anos.

Grupo Local

Aglomerado de *galáxias que contém a *Via Láctea e a Galáxia *Andrómeda e ao qual pertencemos. Trata-se de um grupo de 30 ou 40 elementos conhecidos, com cerca de 5 milhões de anos-luz de extensão. O sistema da Via Láctea está perto de uma das extremidades do volume de espaço ocupado pelo aglomerado; na outra extremidade encontra-se a Galáxia Andrómeda, a cerca de 2 000 000 de anos-luz de distância.

HST [TEH] Key Project

Programa de investigação iniciado nos anos 90 com o objectivo de determinar a *Constante de Hubble, H_0, com um rigor aproximado de 10 por cento. Observações sistemáticas de *estrelas variáveis *Cefeidas realizadas com o *HST [TEH] estão a ser utilizadas para calibrar de novo todos os anteriores indicadores cosmológicos de distância.

Indicador secundário de distância

Objecto estelar usado conjuntamente com a escala de distância *Cefeida para medir distâncias extremamente grandes no Universo. Para distâncias muito grandes, as Cefeidas não podem ser utilizadas como únicos indicadores de distância porque são demasiado indistintas. Objectos mais brilhantes como as *supernovas são utilizados como indicadores secundários de distância porque podem ser observados a maiores distâncias. Ver também *Vela padrão.

Instituição Carnegie

Localizada em Pasadena, na Califórnia, a Instituição Observatórios Carnegie de Washington (OCIW) foi fundada por George Ellery Hale em 1904, e agora opera telescópios em Cerro Las Campanas, no Chile.

Lei de Hubble

Esta lei afirma que a *velocidade de recessão de uma galáxia, V (calculada através do seu *desvio espectral vermelho), é directamente proporcional à sua distância, d, do observador: $V = H_0 \times d$, em que H_0 é a *Constante de Hubble. Ou seja, as velocidades a que as galáxias se distanciam umas das outras são proporcionais às distâncias entre si. Por conseguinte, uma vez medido o valor do desvio espectral vermelho de uma *galáxia (que nos dá a sua velocidade), o número pode ser dividido pela *Constante de Hubble para se determinar a distância a que se encontra a galáxia.

Nebulosa

Assemelha-se a uma nuvem e é um agregado de gás muito rarefeito e/ou poeira que ocorre entre as estrelas, por vezes associado a regiões de formação de estrelas. As nebulosas podem ter uma forma de disco ou irregular, e podem brilhar emitindo luz ou reflectindo a luz de estrelas próximas. Se estiverem demasiado afastadas de alguma estrela, formam zonas densas e escuras que obscurecem corpos mais brilhantes no plano de fundo. Até meados do século XX, muitas *galáxias distantes eram erradamente classificadas como nebulosas.

Nova

Termo que designa uma estrela que, durante alguns dias, apresenta um súbito e forte aumento de brilho, dando a impressão de ter nascido uma nova estrela. Em seguida, desvanece durante alguns meses. Pensa-se que as novas sejam estrelas binárias, entre uma «anã branca» (uma estrela próxima da fase final da vida) e uma *gigante vermelha. A matéria é transferida da gigante vermelha para a anã branca, onde se acumula na superfície, acabando por provocar uma explosão termonuclear. Ao contrário das *supernovas, as novas conservam a sua forma estelar após a explosão.

Paralaxe

A aparente mudança de posição ou direcção de uma estrela ou outro corpo celeste quando observado de diferentes pontos: quer, simultaneamente, a partir de duas estações na Terra muito distantes uma da outra, quer em intervalos de seis meses a partir de lados opostos da órbita terrestre. Através da triangulação, o ângulo resultante pode ser utilizado para determinar a distância da estrela ou planeta – quanto maior for a paralaxe de uma estrela, mais perto se encontra da Terra.

Partículas alfa

Minúsculas partículas retiradas do núcleo de um átomo radioactivo e que possuem dupla carga positiva. São disparadas em feixes (chamados raios alfa) contra átomos em *aceleradores de partículas. Ver também *CERN.

Período

O tempo que uma *estrela variável leva a completar o seu ciclo de brilho, desvanecendo e brilhando de novo. Ver também *Cefeida, *Cefeidas clássicas, *RR Lira, *W Virgem.

População I

Este tipo de estrela encontra-se nos braços e no disco em espiral de uma *galáxia como a *Via Láctea ou a *Galáxia Andrómeda. Tal como o Sol, estas estrelas são relativamente jovens, quentes e contêm elementos complexos como carbono e oxigénio. Pensa-se que terão sido formadas a partir de matéria expelida por explosões de estrelas mais antigas. Ver também *Cefeidas clássicas, *População II.

População II

Este tipo de estrela ocupa a parte central de galáxias como a *Via Láctea ou a *Galáxia Andrómeda, e também formam os *aglomerados globulares que rodeiam toda a galáxia. Estas estrelas são mais antigas e mais vermelhas do que as da

*População I e contêm, essencialmente, hidrogénio e hélio. Ver também *RR Lira, *W Virgem.

Quasares

À primeira vista, os quasares parecem estrelas normais. No entanto, emitem enormes quantidades de energia e exibem desvios espectrais vermelhos muito grandes, mostrando que estão muito mais distantes do que se esperava (alguns encontram-se a mais de 10 mil milhões de anos-luz da Terra). Considera-se agora que são núcleos superbrilhantes de *galáxias extremamente distantes.

Região HII

Nuvem de hidrogénio ionizado que rodeia uma ou várias estrelas maciças e novas – a luz ultravioleta da estrela ioniza o hidrogénio. Sabe-se que são regiões onde nascem muitas estrelas e, por isso, são de grande interesse para os astrónomos. As regiões HI, por outro lado, são bolsas interestelares de gás hidrogénio frio e neutro.

RR Lira

Estrelas *variáveis com um período de cerca de 12 horas. Também designadas por «aglomerados variáveis de período curto». Associadas à *População II, são muito menos brilhantes do que as *Cefeidas e, ao contrário dos grupos de Cefeidas, todas apresentam semelhante luminosidade. Este facto faz delas indicadores de distância extremamente bons. Ver também *Cefeidas clássicas, *W Virgem.

Sistema Solar

Este sistema é formado pelo Sol, os nove planetas (Mercúrio, Vénus, Terra, Marte, Júpiter, Saturno, Úrano, Neptuno e Plutão) e os seus satélites naturais. Descreve uma órbita aproximadamente regular em redor do centro da *Via Láctea.

Supernova

Enorme e violenta explosão que ocorre no final da vida de uma grande estrela, quando o seu núcleo fica completamente consumido. Liberta uma quantidade impressionante de energia, tornando-se tão brilhante que pode eclipsar temporariamente a *galáxia em que se encontra. Como podem ser vistas em zonas muito distantes, e porque todas têm o mesmo brilho, as supernovas são úteis como *velas padrão. Ver também *Nova.

Telescópio Espacial Hubble (TEH/HST)

Primeiro grande telescópio óptico a ser posto em órbita, é um telescópio reflector automático com um espelho de 2,4 metros de diâmetro. Foi construído pela NASA, com importantes contributos da Agência Espacial Europeia (AEE). Lançado em Abril de 1990, iniciou as operações em 1993. A sua localização fora da atmosfera terrestre permite-lhe obter imagens excepcionalmente nítidas e observar o espectro total de comprimentos de onda.

Telescópio reflector

Telescópio que utiliza espelhos em vez de lentes para captar e focar a luz. Inclui um tubo oco com um grande espelho numa das extremidades e, na outra, um espelho mais pequeno que reflecte a imagem através de uma lente ocular localizada ao lado do tubo. Pode captar mais luz do que um *telescópio refractor, já que a sua abertura não está limitada pelo peso de uma lente; além disso, os espelhos pesados podem ser suportados por trás sem interferirem na captação da luz. Como os espelhos são de produção menos dispendiosa do que as lentes de vidro, um reflector providencia também uma maior abertura com menor custo.

Telescópio refractor

Este tipo de telescópio utiliza uma série de lentes de vidro ópticas inseridas num tubo comprido e estreito para captar a imagem. Os refractores não podem ter mais de 40 polegadas de diâmetro (cerca de 1 metro), porque, acima deste tamanho, o peso das lentes dobra o telescópio e distorce a imagem observada. Por esta razão, utilizam-se *telescópios reflectores para observações de fenómenos muito distantes ou pouco visíveis.

Teoria Especial da Relatividade

Publicada em 1905, esta teoria conduziu à famosa equação $E = mc^2$ (em que E é energia, m é a massa e c a velocidade da luz). A teoria baseia-se em duas observações: (i) a velocidade da luz é igual para todos os observadores em inércia; (ii) todos os observadores em referenciais não acelerados observam as mesmas leis físicas. A partir desta teoria, Einstein concluiu que há uma equivalência entre matéria e energia. Também mostrou que o tempo se altera segundo a velocidade de um objecto em movimento relativamente ao referencial de um observador (por exemplo, qualquer relógio trabalha de forma mais lenta quando viaja a alta velocidade do que quando não está em movimento). Ver também *Teoria Geral da Relatividade.

Teoria Geral da Relatividade

Teoria que leva em consideração o efeito da gravitação na forma do espaço e no fluxo de tempo, e que se estende a sistemas acelerados. Esta Teoria Geral afirma que a matéria faz com que o espaço se curve. De modo a provar a sua teoria, Einstein previu que a luz de estrelas distantes, ao viajar perto do Sol, seria curvada duas vezes mais do que era previsto pelas leis de Newton. A teoria foi testada e confirmada por Arthur Eddington com chapas obtidas na ilha do Príncipe durante o eclipse solar total de 1919.

Vela padrão

Objecto astronómico idealizado de luminosidade conhecida cujo brilho aparente pode ser utilizado como indicador de distância. (O brilho aparente de um objecto diminui com o quadrado da distância.) As *Cefeidas e as *Supernovas são utilizadas como velas padrão.

Velocidade de recessão
A razão a que uma estrela se afasta do observador.

ÍNDICE